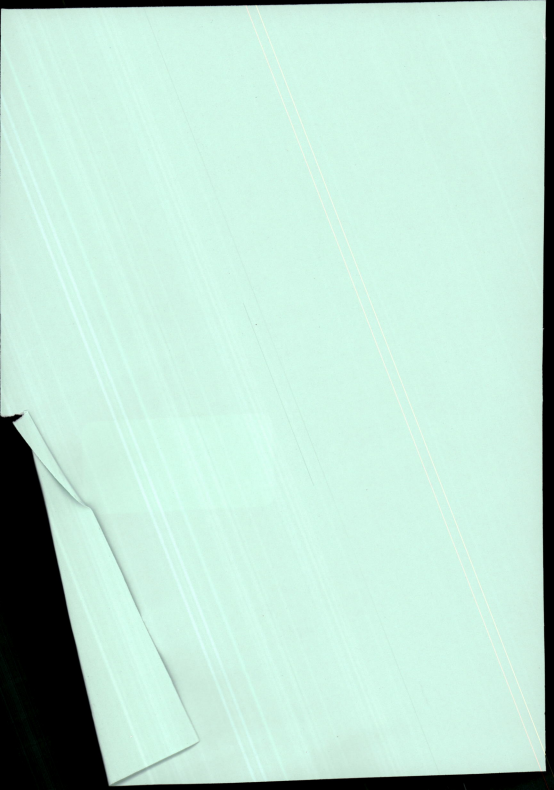

設計技術シリーズ

車載機器における
パワー半導体の設計と実装

［著］

筑波大学
岩室 憲幸

科学情報出版株式会社

はじめに

「モノのインターネット（IoT）」は、今後 10 年間で最も重要なテクノロジートレンドの一つとなると言われている。これは、私たち一般消費者とビジネス社会の相互をつなぎ、その結果、社会全体のインフラ設備にも影響を与える可能性が大きいからである。IoT は、人、場所、家電製品、コンピュータ、自動車、そして生産機械など、あらゆる物理的なものを、インターネットを介して接続する。そして、そのすべてのものが電子制御されたシステムや、各種センサー、ソフトウェアを備えている。現在、数えきれないほどの電気機器がネットワークに接続されており、その数は今後ますます増えていくのは明らかである。私たちは今、最新の ICT 技術を活用して、大都市のインフラ設備やそのエネルギーシステムを、よりスマートに、より安全に、そしてより効率的に利用する方法を模索している。これがいわゆるスマートシティーであり、パワーエレクトロニクス技術およびパワーデバイスは、この目的を達成するのに重要な役割を果たすことになる。たとえば、スマートシティーでは、インテリジェント機能を備えた多くの電気自動車（EV）およびプラグインハイブリッド車（PHEV）が走行する。そして最も効率的なパワートレインソリューションを実現するには、EV や PHEV 用の効率的な電力管理システムを構築する必要がある。さらに、IoT に欠かせない安全なデータセンター運用のためには、最も信頼性の高い無停電電源装置（UPS）が必要不可欠となる。エネルギー効率の高い発電、貯蔵、管理および送電は、ビジネス社会と家庭・消費者の結びつきの中では必要不可欠となり、これらを実現するため、先進のパワーエレクトロニクス技術ならびにそれを支えるパワーデバイス技術が今後ますます重要となる。現在、パワーデバイスを含めた我が国のパワーエレクトロニクス産業は、グローバル市場において依然として高い競争力を有している。そして、この分野へのニーズは、上記背景から、将来さらに高まっていくと考えられる。本書はこの視点に立ち、電気エネルギーの一層の有効利用実現に欠かすことのできないパワーデバイスについて、その基本構造から動作、作成プロセス、

＊はじめに

さらにはデバイス最新技術がわかりやすく記載されている。

　第1章ではまず、パワーデバイスがもっとも使用されているパワーエレクトロニクス回路であるインバータ回路方式について触れた後、それら回路動作におけるパワーデバイスの役割ならびにパワーデバイスの種類について概説する。また、パワー MOSFET ならびに IGBT（絶縁ゲート型バイポーラトランジスタ）が現在のパワーデバイスの主役となった理由についても解説する。第2章以降は、パワーデバイスについて具体的に記述している。まず第2章、第3章にて、シリコンパワー MOSFET ならびに IGBT について述べる。その基本セル構造から作成プロセスについて記述した後、素子の基本動作をわかりやすく解説した。また、パワーデバイスとして必要とされる各種特性についても言及し、これら特性を向上させるための最新デバイス技術についても説明を加えた。第4章では、パワーエレクトロニクス回路で、パワー MOSFET や IGBT と同様に重要な役割を担う、整流素子のダイオードについて、ショットキーバリアダイオードならびに pin ダイオードを中心に解説した。

　最近、特に中・大容量用途において、次世代パワーデバイスとして炭化ケイ素（SiC）パワーデバイスが注目を浴びており、すでに一部が製品化され始めている。第5章では、この SiC パワーデバイスについて概観したのち、ダイオード、MOSFET、さらには実装技術について解説した。特に最近の進展の著しい SiC MOSFET について、その最新デバイス設計技術についても詳しく記述した。

　パワーエレクトロニクスを学問として体系的に習得しそれを十分理解し、実社会で活用できる若い人材を育成することが、我が国にとって極めて重要な課題であることは言うまでもない。パワーエレクトロニクスは、「材料」・「デバイス」・「実装」・「回路」・「システム」といった広範囲の領域を有しており、その各領域を専門的に研究する個人やグループが、自身のテーマだけでなく材料から最終製品・システムまでを見据え、全体を俯瞰して研究・開発することが重要である。本書は、高等専門学校、または大学・大学院を卒業し、企業の現場に配属された技術者を対象に、「パワーデバイス専門家」のみならずパワーデバイスを専門としない、「材

料」や「モジュール」・「回路」・「システム」にいたる研究者・技術者にも十分理解してもらえるよう、図面を多く使いながら、パワーデバイスの動作、設計技術についてわかりやすく解説した。また、高等専門学校や大学・大学院で勉学に励んでいる学生諸君にも、パワーデバイス技術について学べるように記述した。本書でパワーデバイスを学んだ研究者・技術者が、将来のパワーエレクトロニクス技術の発展に寄与し、電気エネルギーの有効利用に大いに貢献してくれることを期待する。

　最後に、本書出版に際しご尽力を賜った、科学情報出版株式会社　書籍編集部　三戸部裕司様をはじめ、ご支援を頂いた多くの皆様に感謝する。

岩室 憲幸

目 次

第1章 車載用パワーエレクトロニクス・パワーデバイス

1.1	はじめに	3
1.2	電圧型インバータと電流型インバータ	6
1.3	パワーデバイスの役割	9
1.4	パワーデバイスの種類	15
1.5	MOSFET・IGBTの台頭	17
1.6	最近のパワーデバイス技術動向	21
1.7	車載用パワーデバイス	23
1.8	車載用パワーデバイスの種類	25

第2章 シリコンMOSFET

2.1	はじめに	31
2.2	パワーMOSFET	33
2.2.1	基本セル構造	33
2.2.2	パワーMOSFET作成プロセス	34
2.2.3	MOS構造の簡単な基礎理論	36
2.2.4	ノーマリーオン特性とノーマリーオフ特性	43
2.2.5	電流−電圧特性	46
2.2.6	ソース・ドレイン間の耐圧特性	47
2.2.7	パワーMOSFETのオン抵抗	53
2.2.8	パワーMOSFETのスイッチング特性	59
2.2.9	トレンチゲートパワーMOSFET	62
2.2.10	最先端シリコンパワーMOSFET	64
2.2.11	MOSFET内蔵ダイオード	73
2.2.12	周辺耐圧構造	75

— VII —

第3章 シリコンIGBT

3.1	はじめに	87
3.2	基本セル構造	88
3.3	IGBTの誕生	90
3.4	電流−電圧特性	93
3.5	コレクター−エミッタ間の耐圧特性	96
3.6	IGBTのスイッチング特性	99
3.7	IGBTの破壊耐量（安全動作領域）	109
3.8	IGBTのセル構造	114
3.9	IGBTセル構造の進展	116
3.10	IGBT実装技術	126
3.11	最新のIGBT技術	129
3.12	今後の展望	135

第4章 シリコンダイオード

4.1	はじめに	143
4.2	ダイオードの電流−電圧特性、逆回復特性	144
4.3	ユニポーラ型ダイオード	147
4.3.1	ショットキーバリアダイオード（SBD）	147
4.4	バイポーラ型ダイオード	150
4.4.1	pinダイオード	150
4.4.2	SSDダイオードとMPSダイオード	155

第5章　SiCパワーデバイス

5.1　はじめに ………………………………………………………161

5.2　結晶成長とウェハ加工プロセス ………………………………162

5.3　SiCユニポーラデバイスとSiCバイポーラデバイス ……………163

5.4　SiCダイオード ………………………………………………165

　5.4.1　SiC-JBS ダイオード ………………………………………168

　5.4.2　SiC-JBS 作成プロセス ……………………………………171

　5.4.3　SiC-JBS ダイオードの周辺耐圧構造………………………174

　5.4.4　SiC-JBS ダイオードの破壊耐量 …………………………176

　5.4.5　シリコン IGBT と SiC-JBS ダイオードの
　　　　 ハイブリッドモジュール ……………………………………178

　5.4.6　SiC-pin ダイオードの順方向劣化 ………………………179

5.5　SiC-MOSFET ……………………………………………………183

　5.5.1　SiC-MOSFET 作成プロセス ………………………………185

　5.5.2　ソース・ドレイン間の耐圧設計 …………………………189

　5.5.3　プレーナー MOSFET のセル設計 ………………………192

　5.5.4　SiC トレンチ MOSFET………………………………………194

　5.5.5　SiC トレンチ MOSFET 作成プロセス ……………………195

　5.5.6　SiC-MOSFET の破壊耐量解析 …………………………197

5.6　最新のSiC-MOSFET技術 ……………………………………201

　5.6.1　SiC superjunction MOSFET ………………………………201

　5.6.2　新構造 MOSFET ……………………………………………201

5.7　SiCデバイスの実装技術 ………………………………………205

第1章

車載用
パワーエレクトロニクス・
パワーデバイス

1.1　はじめに

　私たちが社会生活を営む上で、エネルギーは必要不可欠なものである。現在、私たちが利用しているエネルギーは、熱、化学、そして電気の3種類であるが、このなかでも電気エネルギーは輸送性、利便性が特に高いことから、電力系統という広域ネットワークを形成し、広く社会に浸透している。しかしながら、2011年3月に発生した東日本大震災は、人的・物的被害の大きさとともに、日本全体の電力系統・供給に深い影響を与え、甚大な社会的インパクトを与える結果となってしまった。そしてそこからの復興には新しい社会の創造が必要となり、従来までの単純な復旧ではなく、再生可能エネルギーを活用し、かつ環境にやさしい安全・安心な社会の構築へ向かうことを意味している。エネルギー創造の分野では、低環境負荷化や石油・石炭に代表される化石燃料への依存度の低減に向けて、太陽光、風力の利用に関する検討が進んできており、またエネルギー消費の分野においても、例えばガソリン車から電気自動車・ハイブリッドカーへ、また熱源のヒートポンプ化やIH（誘導加熱）化など、従来は電気エネルギーが使われていなかった領域で、電気エネルギーの利用がますます増えてきている。そんな中、2017年～2018年は電気自動車の開発に向け大きく進展する年となった。世界最大の自動車市場である中国は、大気汚染対策もあってハイブリッド車を飛び越えて電気自動車の実用化シフトへ舵を切った。フランスでは、2040年までに国内でのガソリン・ディーゼル車の販売を禁止する方針が示され、ノルウェに至っては2025年までに全車を電気自動車に切り換えると打ち出した。これに伴い、日本、ヨーロッパ、アメリカ、さらには中国メーカまでもが電気自動車開発に大きくシフトし始めることとなった。つまり、今後も電気エネルギー、すなわち電力への依存度は堅調に上昇し、将来的にも電力がエネルギーの中核をなすものと考えられる。

　パワーエレクトロニクスとは、エレクトロニクスで電力を制御する技術のことであり、具体的にはパワーデバイスを用いて電力を制御し電力をより使いやすい形に変換する技術である。「パワーエレクトロニクス」という言葉は、1973年に W.E.Newell 氏が第一回 PESC（Power Electronics

Specialist Conference）の基調講演によって初めて提起された。彼は、図1.1に示すように、エレクトロニクスと電力・制御にまたがる技術分野の重要性と可能性を示し、これをパワーエレクトロニクスと名付けた。また、将来の電気機器には半導体スイッチが必須となり、その製品の優劣はパワーエレクトロニクス技術で決まるであろうとも述べている。近年の電力制御・変換の高度化を受けての省エネルギーに対する要求が一層高まる中、パワーエレクトロニクス機器に対してもより一層の高効率化、高機能化が求められている。パワーエレクトロニクスによる電力制御は、パワーデバイスによる低抵抗・高速スイッチング技術によって成り立っており、パワーデバイスの性能が電力制御の性能を左右すると言っても過言ではない。現在パワーエレクトロニクスやパワーデバイスは省エネルギー促進やCO_2削減・地球温暖化防止を切り札の一つとして期待されており、その高い成長率が期待されている。パワーエレクトロニクスはその応用範囲が極めて広く、家電、情報通信から一般産業、自動車鉄道、風力・太陽光発電、さらには電力系統に至るまで多岐にわたる。そのためそこに使用されるパワーデバイスの扱う電圧電流の範囲も、電圧数十から数万ボルト（V）、電流もミリアンペアオーダー（mA）から数千

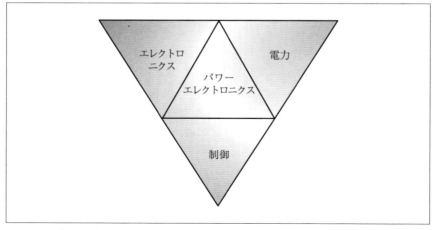

〔図1.1〕W.E. Newellによるパワーエレクトロニクスの説明

アンペア（A）までの広範囲が対象となる。そのため、一種類のパワーデバイスでこの広範囲な領域を満たすのは困難であり、様々なパワーデバイスがそれぞれの特徴に応じて使い分けられているのである。図1.2は横軸に定格電圧、縦軸に定格電流をとった際のパワーエレクトロニクス用途とそれに適用されているパワーデバイス例を示したものである。

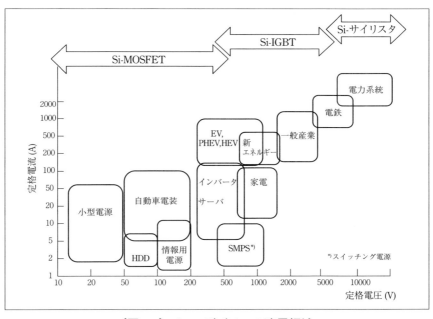

〔図1.2〕パワーデバイスの適用領域

1.2 電圧型インバータと電流型インバータ

　ここでパワーデバイスが搭載されるパワーエレクトロニクス回路について少し述べたい。パワーエレクトロニクスによる電力変換には大きく次の4通りがある。交流から直流への変換（整流）、直流から直流への変換（DC-DCコンバータ）、直流から交流への変換（インバータ）、そして交流から交流への変換である。一般的に、ほとんどの交流から交流への電力変換は、交流から直流への変換回路（整流器）と直流から交流への変換回路（インバータ）を直列につなげることで行われる。そのため、交流-交流の電力変換器においては、整流器とインバータという異なる機能を持った電力変換回路の間に、「DC Link」と呼ばれるエネルギー一時貯蔵部を有し、それを介して接続されている。たとえば、この「DC Link」部の違いによって直流から交流に変換するインバータ回路を電流型インバータと電圧型インバータという分類をしている。電流型インバータならびに電圧型インバータの基本構成ならびに回路網をそれぞれ図1.3、1.4に示す。

　電流型インバータは、図1.3に示すように、エネルギー一時貯蔵部品としてインダクタLが接続される。このインバータ部に使われる半導体素子には、順方向ならびに逆方向阻止機能が必要となる。実際には双方向阻止機能を持たせるため、スイッチング素子（図1.3ではIGBTを表記）と整流素子（ダイオード）を直列に接続して回路を構成する。そのためスイッチング素子が頻繁にオン・オフスイッチングしても、比較的大きなインダクタLがあるために直流電流I_{dc}はほとんど変化しない。

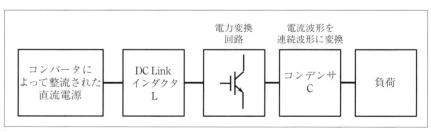

〔図1.3〕(a) 電流型インバータの各部機能を表した図

またインダクタLが直列に接続されているため、例えば負荷（図1.3では誘導モータが負荷にあたる）が短絡した際に急激に大きな電流が流れることはなく負荷短絡時の素子破壊はあまり心配する必要はない。しかしながらスイッチング素子とダイオードが直列に接続されているため2素子を電流が導通することとなり、その発生損失が大きくなるという欠点がある。一方、図1.4に示す電圧型インバータは、エネルギー一時貯蔵部品としてコンデンサCが接続される。これによりスイッチング素子が頻繁にオン・オフスイッチングしても入力電圧 V_{dc} はほとんど変化せず安定となる。一方、交流出力端でモータなどの誘導負荷（インダクタ）を動作させるため、スイッチング素子には逆導通機能が必要となる。このスイッチング素子の逆導通機能は、スイッチング素子にダイオードを逆並列に接続する（フリーホイーリングダイオード（FWD）という）ことによって実現することができる。したがって、電流型インバータの場合とは異なりダイオードがスイッチング素子と直列に接続されていないため、インバータの電流経路に追加の順方向電圧降下が発生せず、損

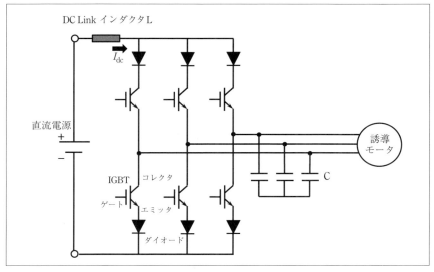

〔図1.3〕(b) 電流型インバータ回路

失の発生が少なく高効率化が実現しやすい。しかしながら、電圧型インバータは負荷の短絡に対して何らかの保護装置が必要となる。現在のパワーエレクトロニクス機器では、高効率電力変換が実現可能な電圧型インバータが主流であり、そのためそれに搭載されるパワーデバイスは、低オン抵抗特性と高速スイッチング特性という低損失特性と同時に、負荷が短絡した際にもある程度の期間素子が壊れずに保持する高い耐量特性を兼ね備えることが重要となる。

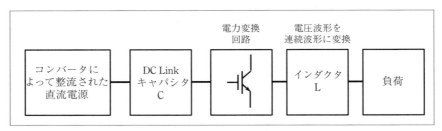

〔図1.4〕(a) 電圧型インバータの各部機能を表した図

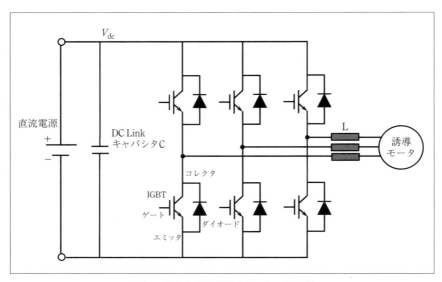

〔図1.4〕(b) 電圧型インバータ回路

1.3 パワーデバイスの役割

　図1.5は、パワーエレクトロニクス回路の中で、「直流」を「交流」に変換する電圧型インバータ回路（以下インバータ回路と略す）の概略図である。インバータ回路はパワーエレクトロニクス回路の中の代表的なものであり、例えばハイブリッド自動車や電気自動車において、電池の直流電圧・電流を交流に変換しモータを回すなど、車を動かす場面で使われている。この図を使って電力変換動作を説明する。まず回路内のスイッチS_1とS_4がオン、S_2とS_3がオフ状態の時、インバータ回路に接続された負荷には上から下に電流が流れる。次の瞬間、今度はスイッチS_1とS_4がオフ、S_2とS_3がオンになると、負荷には逆に下から上向きに電流が流れる。この動作を繰り返すことにより、図に示すように入力の「直流」電圧を、負荷では「交流」電圧として取り出せることが可能となる。これがインバータ回路の動作である。つまりS_1～S_4半導体スイッチのオン・オフ動作によって電力を変換するのである。ちなみに、スイッチであればトランジスタに代表されるパワーデバイスを使わずに金属

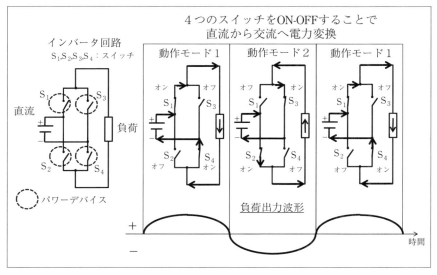

〔図1.5〕インバータ回路を使った直流から交流への変換

接点を有する機械式リレーを使ってもよさそうであるが、1) 半導体のほうが電気信号でのコントロールが簡単　2) 機械式リレーだと接点が摩耗して長期間使えない　3) 半導体だと電気信号で一秒間に約1,000～10,000回程度のスイッチングが可能、などの理由でパワー半導体デバイスが使われている。

　パワーエレクトロニクス機器は、パワーデバイスに電流を流したり、切ったりすることで電力制御を行う。つまりパワーエレクトロニクス機器の中でパワーデバイスは、「スイッチ」として動作するのである。このパワーエレクトロニクス機器の高効率化は、いかに損失を発生することなく電力を制御するか、ということを意味している。理想的なパワーデバイスは損失を全く生じることなく電力を制御することができ、図1.6に示すような特性を示すはずである。具体的には、電流導通時の電圧降下はゼロで、オフ時にデバイスを流れるもれ電流も全く観測されない。さらにオン状態からオフ状態またはその逆の動作も瞬時に完了しこの間

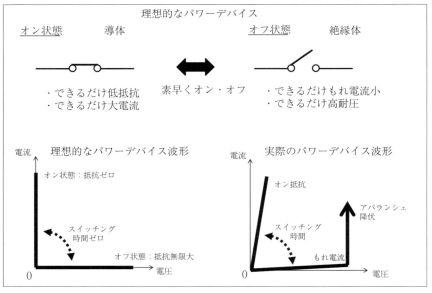

〔図1.6〕理想パワーデバイスと実際のパワーデバイスの特性波形

の損失も発生しないものであるといえる。このような理想的なパワーデバイスができた暁には変換効率100％で超小型軽量な高性能パワーエレクトロニクス装置が実現できるはずである。しかしながら実際に普及している装置を見てみると、変換効率100％は達成されておらず、装置内は熱気を帯び、また十分な小型軽量化が出来ていない。この装置の小型化を阻んでいる要因を調べるため、たとえば現在普及している汎用インバータやパワーコンディショナーの内部を見てみると、意外にも部品がなにもない"空間"、さらには冷却フィンや送風ファンに代表される冷却器が装置体積の多くを占めていることがわかる。装置にもよるが、全体の70～80％以上が、この"空間"、つまり空気と冷却器で占められている、とも言われている。この"空間"とは冷却器を冷やすための空気の流れをつくるためのものであり、つまり現在のパワーエレクトロニクス装置は、冷やすために全装置体積のかなりの部分を費やしているのである。これは言うまでもなく、パワーデバイスを冷やすためのものである。図1.7に冷却体（放熱フィン）に設置されたシリコンIGBTモジュールの断面構造図を示す。同図においての設計上重要なパラメーターが、パワーデバイス表面接合温度 T_j（ジャンクション温度）である。このジ

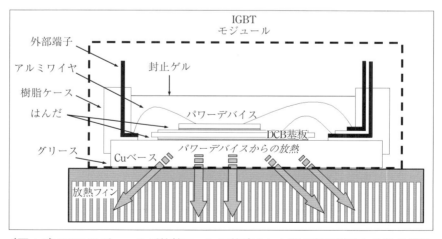

〔図1.7〕IGBTモジュールが放熱フィンに装填された際の断面構造と放熱の様子

ャンクション温度 T_j が、シリコンデバイスの場合、一般的に 150℃～175℃を超えると半導体素子が熱暴走して破壊してしまう可能性が大きいため、絶対にジャンクション温度 T_j が上記温度を超えないように設計する必要がある。具体的には、放熱フィンの冷却能力、DCB（Double Cupper Bonding）基板の熱抵抗ならびにシリコン IGBT の発生損失を、ジャンクション温度 T_j が 150℃～175℃を超えないように設計していくのである。このようにパワーエレクトロニクス装置の小型・軽量化を実現するには、"空間"を含めた冷却器の小型化が絶対条件であり、そのために熱発生源であるパワーデバイスの損失を低減する必要がある。さらに、上記半導体素子のジャンクション温度 T_j をたとえば 200℃以上の高温にできれば、冷却器のいっそうの小型化が実現可能となるのである。つまり、パワーデバイスに要求される性能は、スイッチとして動作する際に損失が小さいこと、具体的には i) 電流導通時の抵抗が低いこと、ii) スイッチング速度が速いこと、さらには iii) T_j が高温でも動作が可能なこと、ということがわかる。図 1.8（a）はパワーエレクトロニクス回路として最も適用事例の多いものの一つである、誘導負荷接続時

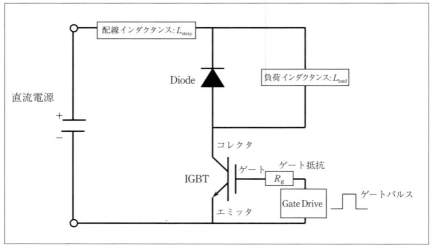

〔図 1.8〕(a) IGBT を適用した誘導負荷回路例

の回路図ならびにそれに搭載されたシリコンIGBTのスイッチング動作の一周期を示した波形である。電流導通時に発生する損失は図中の①の期間で発生する。この時発生する損失 E_{cond} は、パワーデバイスの電流導通時のオン抵抗 R_{on}、導通電流 I_c とすると、次式で表される。

$$\text{導通損失 } E_{cond} = \int_① R_{on} \times I_c^2 \, dt \quad \cdots\cdots\cdots\cdots\cdots \quad (1.1)$$

つまり導通損失を減らすには、パワーデバイスのオン抵抗を減らすことが重要となる。またスイッチング損失にはターンオン損失（②）とターンオフ損失（③）がある。ターンオンは電流が流れていないオフ状態から導通するオン状態へ遷移する動作を言い、ターンオフはその逆である。ターンオン損失ならびにターンオフ損失は図1.8（b）から以下の式で表される。

$$\text{ターンオン損失 } E_{on} = \int_② V_{ce} \times I_c \, dt \quad \cdots\cdots\cdots\cdots \quad (1.2)$$

$$\text{ターンオン損失 } E_{off} = \int_③ V_{ce} \times I_c \, dt \quad \cdots\cdots\cdots\cdots \quad (1.3)$$

ターンオン損失 E_{on} ならびにターンオフ損失 E_{off} を低減するためには、

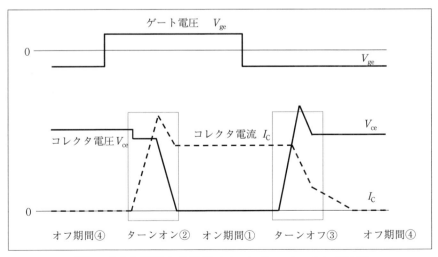

〔図1.8〕(b) 誘導負荷接続時のIGBTスイッチング波形

● 第1章　車載用パワーエレクトロニクス・パワーデバイス

比較的大きな電圧と電流が同時に流れるターンオンならびにターンオフ期間をそれぞれ短くする必要があることがわかる。つまりパワーデバイスのスイッチング速度を上げることが低損失化には重要となる。また、期間④のパワーデバイスオフ期間も厳密に言えば損失が発生している。これは、パワーデバイスがオフしている際に流れる微小な"もれ電流"と印加されている電圧との積で表される、もれ電流損失である。しかしながら、パワーデバイスオフ時のもれ電流は一般的に 1 μA 未満であり、その発生損失は上記 E_{cond}、E_{on}、ならびに E_{off} に比べ極めて小さい。そのため④の期間で発生するもれ電流損失は通常考慮しない。

　そしてこれら低オン抵抗特性ならびに高速スイッチング特性に加え、動作中にパワーデバイスが壊れないこと（高破壊耐量）、の3つの特性がパワーデバイスに必要とされる重要な特性となる。ところがこれら3つの特性はすべてトレードオフの関係にあり、これらを同時に改善していくことがいわゆる「パワーデバイスを開発する」ことになるのである。

1.4　パワーデバイスの種類

　1947 年、世界で初めての半導体デバイスである点接触型トランジスタがアメリカ AT & T ベル研究所のショックレーらにより発明された。その当時の半導体材料は、実はシリコン（Si）ではなくゲルマニウム（Ge）を使っていた。Ge はその材料物性値であるバンドギャップ E_g が0.66 eV と小さいため素子耐圧を高くすることが難しく、かつ半導体として動作する最高温度が約 70℃以下と低いこともあって、パワーデバイスとしては不向きであった。そこで、バンドギャップ E_g が 1.12 eV と大きく十分な素子耐圧が確保でき、高温 150℃でも動作が可能で、なおかつ地球上で二番目に多い元素と言われ豊富に存在するシリコン（Si）がパワー半導体材料として多く使われるようになった。1950 年代にはいると、ダイオードやサイリスタが登場し 1957 年に米国 GeneralElectric 社から Silicon Controlled Rectifier（SCR）として製品化され、さらには 1960 年前後にダイオード、サイリスタともそれぞれ製品化にいたった。しかしながら、これらダイオードやサイリスタはデバイスが一度オンしたらオフできないという弱点があったが、1970 年代中頃まではこれらダイオードとサイリスタが主流であった。1980 年代に入ると、前述の通り「パワーエレクトロニクス」がようやく世界で認知されるようになる。1983 年、日本の電気学会主催で東京にて IPEC（InternationalPower Electronics Conference）が開催された。これは日本がパワーエレクトロニクス技術で世界をリードするという姿勢を示した国際会議であった。このころから上述のサイリスタから、ゲート信号にてオン・オフのスイッチング制御が可能な Gate Turn off（GTO）サイリスタやバイポーラトランジスタの開発が盛んになってくる。その結果、1980 年代末までに、産業用インバータやエレベータ、さらには「インバータ」の名が世間に広まるきっかけとなった家庭用エアコンなどの中容量用途ではバイポーラトランジスタが、またそれ以上の大容量領域の電鉄や製鉄用の圧延機、大型電源等は GTO サイリスタが適用され、かつその棲み分けも確立し、バイポーラトランジスタと GTO サイリスタがパワーデバイスの世界を席巻した。W.E. Newell 氏が切望した「ゲート信号で簡単にオ

－ 15 －

● 第1章　車載用パワーエレクトロニクス・パワーデバイス

ン・オフできる半導体デバイスの出現」が1980年代末にようやく実現
したのである。

1.5 MOSFET・IGBT の台頭

図 1.9 は、GTO サイリスタ、バイポーラトランジスタ、MOSFET ならびに IGBT の素子断面構造の概略図である。まず共通する特徴として、図中に示されている素子構造は、電極が素子の上と下に配置されている縦型デバイスであることが挙げられる。これは、パワーデバイスはより大電流を流しかつ高電圧印加に耐えなければならないので、半導体素子全体に縦方向に電流を流すことが可能で、高電圧を維持する縦型デバイス構造にする必要があるためである。ここが、横型デバイス構造が主流である IC/LSI と大きく異なる点である（図 1.10 参照）。次に、パワーデバイス中の制御電極に注目する。制御電極であるゲート電極またはベース電極の配置を見ると、MOSFET ならびに IGBT はゲート電極が絶縁膜であるシリコン酸化膜（SiO_2）上に形成されているのに対し、GTO サイリスタやバイポーラトランジスタはゲート電極（バイポーラトランジスタではベース電極）が直接 p 型半導体に接触している点である。

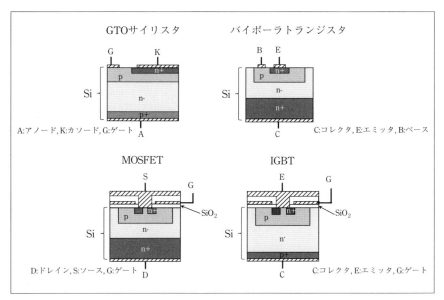

〔図 1.9〕各種パワーデバイス断面構造図

MOSFETならびにIGBTのオン・オフ動作はこのゲート電極GとシリコンS酸化膜（SiO_2）、さらにはSi半導体で構成される「コンデンサ」に少量の電荷を充電・放電させることで行う。つまりゲート電極Gから絶縁膜であるシリコン酸化膜（SiO_2）を介してSiパワーデバイスを制御する構造となっている。このような素子を電圧駆動型素子という。一方GTOサイリスタ、バイポーラトランジスタはp型Si半導体に直接多くの電荷（電流）を、一定期間常に供給、または引き抜くことでパワーデバイス内のpn接合をオン・オフさせてスイッチング動作を行う。このような素子を電流駆動型素子という。このオン、オフ動作の違いにより、MOSFETならびにIGBTはそのスイッチングに必要な電力（駆動電力と言う）が極めて小さくて済むため、駆動回路がGTOサイリスタやバイポーラトランジスタに比べ極めて簡略化できるという特徴を有する。つまりW.E. Newell氏が切望した前述の「ゲート信号で簡単にオン・オフできる半導体デバイスの出現」に対して、「より一層簡単（低駆動電力）にオン・オフできる半導体デバイス」が出現したのである。これはパワエレ装置の小型化、高機能化等に非常にメリットをもたらすこととなった。

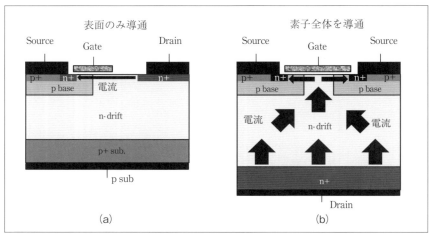

〔図1.10〕（a）横型MOSFETと（b）縦型MOSFETの断面構造ならびに電流の流れ方比較

さらにこのMOSFETならびにIGBTは図1.11に示す高電圧印加時に電流飽和特性を示す、という特筆すべき特徴を有していた（図1.11はMOSFETの場合）。図1.12に前出のインバータ回路を示す。ただし、ここではインバータ正常動作時と負荷が短絡した異常動作時の比較を示している。たとえば正常動作時ではパワーデバイスでの電位降下は低く（例えば1 V）負荷に大きな電圧（図の例では598 V）が印加され、入力電圧（この例では600 V DC）のほとんどが効率よく負荷に印加される（図1.12 (a)）。しかし何らかの事故が発生し負荷が短絡（ショート）した場合、当然ながら負荷では電圧は一切負担できない（ゼロV）。ということは、入力電圧の大部分（図の例では300 V）をパワーデバイスのみで負担しなければならない（図1.12 (b)）。もしこの半導体デバイスがGTOサイリスタのような電流飽和特性を示さない素子であった場合、負荷短絡が発生し高電圧が素子に印加された時点で瞬時に大電流が流れ、すぐに破壊してしまう。しかしながら、電流飽和特性を示す素子であれば、高電圧が素子に印加されても飽和電流値以上の電流は流れず、

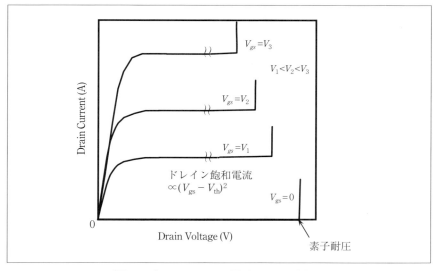

〔図1.11〕MOSFETの電流—電圧特性図

その結果瞬時破壊を避けることができる。素子が瞬時破壊をせずにある一定の時間破壊を防ぐことができれば、パワーエレクトロニクス装置内の保護回路機能働き、安全に装置を停止することが可能となる。つまり数あるパワーデバイス構造の中で、MOSFETとIGBTのみがゲート電極がシリコン酸化膜上に形成されていることで駆動回路の簡略化でき、なおかつ電流飽和特性を示すため瞬時破壊しない素子という特長を有していることから、現在のパワーデバイス市場を席巻しているのである。

図1.9に示したMOSFETとIGBTの断面構造を見ると、その構造はほとんど同じであることがわかる。唯一の違いは裏面のSi層の導電型がMOSFETはn型であるのに対しIGBTはp型である点である。この違いにより、MOSFETが電流導通時に電子しか流れないユニポーラ型素子であるのに対し、IGBTは電子と正孔の両方が流れるバイポーラ型素子となるのである。このため、図1.2に示すように、MOSFETは高速スイッチング特性が要求される低耐圧・小電流用途に、IGBTは低オン抵抗特性が要求される中高耐圧・大電流用途に用いられることが多い。

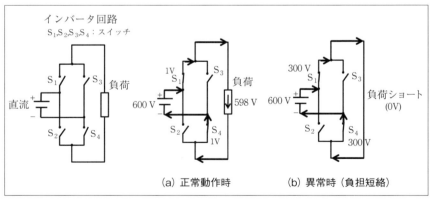

〔図1.12〕インバータ回路の正常動作時と異常動作時の負荷ならびにパワーデバイスの電圧分布

1.6　最近のパワーデバイス技術動向

　パワーデバイスの最新技術動向を知るために、パワーデバイスで最も権威のある国際学会のひとつであるISPSD（International Symposium on Power Semiconductor Device & ICs）を調べてみる。図1.13に示すように、SiC（Silicon Carbide）やGaN（Gallium Nitride）に代表される新材料パワーデバイスの発表件数が最も多く、それにシリコンMOSFET（Metal Oxide Semiconductor Field　Effect Transistor）やシリコンIGBT（Insulated Gate Bipolar Transistor）の発表が続いている。最近のパワーデバイス分野への関心の高さを示している原動力の一つにはLSIウェハプロセス技術のパワーデバイスへの導入によりパワーデバイスとしての特性向上が著しいことと、パワーデバイス独自の設計技術やプロセス技術において、幾つもの革新的で興味ある報告がなされていることである。例えば最近のシリコンパワーデバイス分野では、パワーMOSFETでエピタキシャル層を幾重にも重ねたスーパージャンクション構造の進展や、IGBTでウエハを極限まで薄くしたフィールドストップ型（ソフトパンチスルー型）IGBTの特性改善とその製品化などが注目されている。さらに、シ

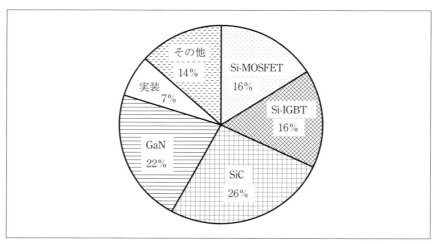

〔図1.13〕パワーデバイス国際会議（ISPSD2018*））発表論文数内訳（著者調べ）
*）ISPSD2018：米国シカゴ市にて2018.5開催

●第1章 車載用パワーエレクトロニクス・パワーデバイス

リコンデバイスの物性限界を超えて劇的に損失を低減できる、期待の新材料としての SiC や GaN の発表も堅調である。

　今後のパワーデバイスの将来を考える上での重要な課題として、MOSFET や IGBT などのシリコンデバイスから SiC・GaN に代表される化合物半導体にいつ・どのように本格的に移行するか、あるいは共存していくのか、というところにある。上記スーパージャンクション構造やフィールドストップ型 IGBT の登場でシリコンデバイスは特性限界に近づきつつあると言われて久しいが、その特性改善はとどまるどころか最近はますます加速しているようである。SiC・GaN は最大電界強度がシリコンに比較して一けた高いという物理的な特徴を活かし、特に中・高耐圧領域での低オン抵抗化への期待が大きい反面、長期信頼性に関しては特有の課題に未だ解決の余地があるようである。現在のシリコンパワーデバイスに置き換わるには克服しなければならない技術課題も多く、技術的なブレイクスルーが期待される。

1.7　車載用パワーデバイス

　2017〜2018年の世界の自動車販売台数は好調と言われており、全世界で9,500万台以上の販売台数に達したと推測される。自動車電装品もそれに伴い増加し、車両一台当たりのコントロールユニット（ECU）の搭載数も増加し、例えば逆接防止やサージ吸収用の低耐圧シリコンMOSFETやダイオードの需要も大きく拡大している。また従来から装備されていた電動パワーステアリング機能に加え、アイドリングストップシステムやLEDライトの普及に伴い、それらに使用されるパワーデバイスであるシリコンMOSFETの搭載個数も増加の一途をたどっている。そして今後進展が期待される電気自動車やプラグインハイブリッドに代表されるxEVは、パワーデバイスの普及が最も期待される分野であり、DC/DCコンバータやオンボードチャージャー、さらには駆動用モータ用インバータにスーパージャンクション（SJ）-MOSFETやIGBT、さらにはSiC/GaNパワーデバイスの搭載が期待されている。ここでxEVとは、ハイブリッド車、プラグインハイブリッド車、燃料電池車を含め電動自動車の総称を意味する。つまり車載用パワーエレクトロニクスは前節まで述べてきた一般的なパワーエレクトロニクス技術と基本的に変わりはなく、その回路構成やパワーデバイスに要求される特性は車載用途以外のパワーエレクトロニクス、パワーデバイスと同じと考えてよい。

　図1.14に示すように車載用エレクトロニクスは大きく3つの構成となっている。車外の情報を収集するインプットとしての各種センサー、それら情報を処理し制御するECU、そして出力としてのアクチュエータである。パワーデバイスは主に2番目のECUならびに3番目のアクチュエータを動かすために活躍している。車載用パワーエレクトロニクス製品の特徴のひとつとして、その扱う電力の広さが挙げられる。数十ワットクラスのパワーウインドコントローラから百キロワット近いxEV用モータ駆動用パワーデバイスまでその扱う電力の幅が極めて広いのが特徴である。これを一般産業機器の製品群で比較してみると、小型家電用途から大型産業機器・電鉄で扱う電力のものが一台の自動車に搭載されていることになる。同じ移動体でも、電鉄用パワーエレクトロニクス

装置の場合ではインバータ装置は床下の空間が利用され、また空調用機器は屋根の上に設置されている。しかしながら自動車ではそのほとんどがエンジンルームに搭載される。このように車載用パワーエレクトロニクス装置は限られたスペースに入れる必要があるため、他の用途に比べ装置の小型化へのニーズが高いのが特徴である。

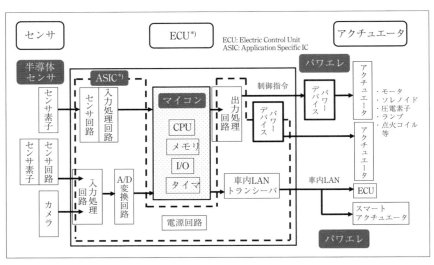

〔図1.14〕車載エレクトロニクス基本構成と半導体デバイス
(2017 08-01 東レリサーチニュース [1] を参考に著者が作成)

1.8　車載用パワーデバイスの種類

図 1.15 に xEV 内の電源コントロール概略図を示す。ハイブリッドカーや電気自動車の場合、駆動用モータを制御する数百 V の電圧を扱う回路から、車内インパネのメータやライト、さらにはワイパーやドアミラー制御などの、従来のガソリン車と同じ ECU で制御しているため、鉛電池で動作する 12 V 系回路を使用しているものもある。図 1.2 に示した図に関し、特に車載用パワーデバイスに絞った形で表したのが図 1.16 である。まずガソリン車に搭載されるパワーデバイスは、バッテリー電圧 12 V で動作するモータードライブや電源回路、さらには DC/DC コンバータなどに用いられている。バッテリー電圧 12 V の回路に用いられるパワーデバイス耐圧は 40 V～100 V 程度であり、そのためこの領域に適用されるデバイスはシリコン MOSFET や MOSFET に保護回路を内蔵した IPD（Intelligent Power Device）が最も多い。デバイスの定格電流は用途により異なり、パワーウインドーやワイパー用途向け MOSFET では 10 アンペア程度、また電動パワーステアリングに用いられるモータ駆動用 MOSFET では 100 アンペア以上の大電流が必要となる。IPD の特徴は MOSFET に保護回路が内蔵されている構成であり、その結果

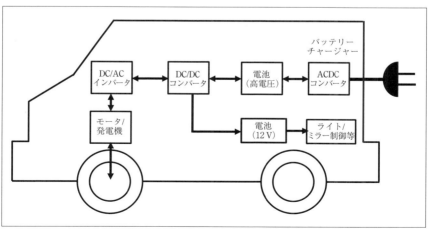

〔図 1.15〕xEV 内電源コントロール概略図

保護用の外付け回路が不要となり、実装スペースの削減が効果的な用途に用いられることが多い。一方、その素子コストは高くなる傾向にあり、大きな素子面積が必要となる大電流用途にはあまり採用されていない。また最近、LEDライトを搭載している車種が拡大している。LEDライトコントロールに用いられるパワーデバイスは、上記適用例と同様耐圧40〜100 Vのシリコン MOSFET である。

またxEVにおいては、ハイブリッドカーや電気自動車駆動用モータ向けインバータや、バッテリー電圧を昇圧するためのDC/DCコンバータに600 V〜1200 V耐圧のシリコンIGBTモジュールが用いられている。このIGBTモジュールにはスイッチングデバイスであるシリコンIGBTだけではなく、ダイオードも実装されている。またオンボードチャージャー用途に耐圧600 VクラスのSJ-MOSFETも多く採用されている。この600 V〜1200 V耐圧クラスは、SiC-SBDやSiC-MOSFETに代表される

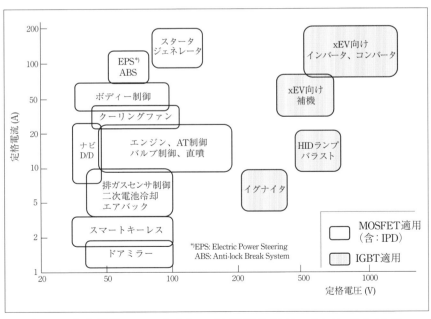

〔図 1.16〕車載用パワーデバイスの適用領域（資料 [2] を参考に著者が作成）

新材料パワーデバイスの得意な領域でもあり、次期 xEV 向け主電動機用インバータ用素子として、SiC-MOSFET とシリコン IGBT の競争が始まりつつある。このように、現在の車載用パワーデバイスはシリコン MOSFET ならびに IGBT がその中心を展開されており、また近い将来、xEV を中心に SiC に代表される新材料パワーデバイスの適用が大いに期待されているのである。

　本書では、車載用パワーデバイスの現在の主役であるシリコン MOSFET ならびに IGBT を中心に、そのデバイス構造、動作ならびに素子設計コンセプトをわかりやすく解説する。さらに最先端のシリコンデバイスさらには今後その適用範囲の拡大が期待される SiC パワーデバイスについても詳細に解説する。

参考文献

[1] 石川岳史、"自動車分野におけるパワーエレクトロニクス製品の課題と分析・評価技術", 東レリサーチニュース、pp.1-7, August, (2017).

[2]「進展するパワー半導体の最新動向と将来展望 2018」、矢野経済研究所、2018 年 11 月.

第2章
シリコンMOSFET

2.1 はじめに

　ある調査会社の調査結果によると、2017年のパワーデバイスの世界市場は約2.7兆円で、そのほとんどをシリコンパワーデバイスが占めるとしている。また2030年にはパワーデバイス市場は約4.7兆円にまで成長し、シリコンパワーデバイスは全パワーデバイス市場の約90%を占めているであろう、と予想している[1]。最近の新聞紙面やネット情報などでは、SiCやGaNパワーデバイスの記事が多く発表されているが、実際のパワーデバイス製造企業の研究開発部門ではシリコンパワーデバイスの特性改善を引き続き着実に進めていると考えられる。

　パワーMOSFETは、1980年代初頭にDMOS（Double diffused MOS）技術が確立され、短チャネル、高耐圧、低コストを高いレベルで満たす事が可能となり、その後の発展の基礎となった。以降ICプロセス微細化技術を活用する事により性能向上が図られ、現在ではさらなるオン抵抗の低減が可能となるトレンチゲート構造が適用されている。高耐圧MOSFETにおいてはオン抵抗の大部分が耐圧を保持するn-ドリフト層自体の抵抗で決まり、その特性改善の限界が見えていたのだが、1990年代にスーパージャンクション（SJ）の概念が示され[2]、実際の試作結果が報告されるようになった[3]。そして実際にシリコンリミットを超え得ることが示され、大きなインパクトを与えた。さらに最近のSJ製造技術の進歩は目覚ましく、製造法が複雑であると言われてきたエピタキシャル層を幾重にも重ねた多層エピ成長法に代わり、n-エピ層に深いトレンチ層を直接形成し、そこにp型エピタキシャル層を形成するトレンチ埋め込み法なども開発された。このようにSJ型MOSFETはその製造コスト低減と性能向上への取り組みが最近ますます盛んであり、今後もpn柱状構造の微細化・高濃度化による一層の低オン抵抗化[4,5]を中心に、しばらくは高耐圧MOSFETの主役となるべく、さらなる発展が期待されている。

　シリコンIGBTは、1972年ならびに1982年の特許によりその原型の発表[6, 7]以来、様々な技術革新に基づき進化してきた。現在最先端のIGBT構造であるトレンチフィールドストップ（FS）-IGBT（ライトパン

●第2章 シリコンMOSFET

チスルー（LPT）— IGBT とも言う）は、IGBT 特有の極薄ウェハ化（約
100 μm 以下）とトレンチゲート構造を融合することで超低オン電圧・
超高速スイッチングという低損失性能を示しながら、高破壊耐量をも合
わせて持った素子である。しかしながら、この IGBT の特性改善を支え
てきた技術の一つである極薄ウェハ技術にブレーキがかかってきたと言
われ、IGBT の特性改善がそろそろ限界に近付いてきたと一部で言われ
てきた。しかしながら最近の動向を見ると、この特性改善の限界が見え
てきたと言われた IGBT が、表面構造の改良によるオン電圧‐ターンオ
フ損失のトレードオフ特性の一層の向上や、175℃保証の IGBT モジュ
ールの製品化 [8]、さらには IGBT とフリーホイーリングダイオード（Free
Wheeling Diode :FWD）を 1 チップにインテグレートした RC-IGBT[9] 等
の開発が相次ぎ発表され、その開発スピードは一向に衰えていないよう
である。

　前章にも述べたが、車載用パワーデバイスとして、40 ～ 200 V の耐圧
範囲を中心としてシリコンパワー MOSFET が、また 600 ～ 1200 V の高
耐圧領域では、SJ-MOSFET ならびにシリコン IGBT が多く使用されてい
る。本章ではまず、現在の車載パワーデバイス市場の主役であるシリコ
ン MOSFET について述べることとする。

2.2 パワー MOSFET
2.2.1 基本セル構造

図2.1に、パワー MOSFET の断面構造を示す。第1章で述べたように、パワー MOSFET は大電流を流しかつ高電圧印加に耐えなければならないので、ソース電極とドレイン電極が半導体を挟んで縦に配置されており、酸化膜で絶縁されたゲート構造を持ったトランジスタ構造を有する。このパワー MOSFET は高濃度のn型不純物濃度を有する基板上にn型のエピタキシャル成長層を有したシリコンウェハを用いて作成する。基板の不純物濃度はおおよそ 1.0×10^{20} cm^{-3} の高濃度・低抵抗（比抵抗2 mΩ-cm 程度）で、厚さは 350 μm 以上と厚い。その上に形成するn型エピタキシャル層は、設計するパワー MOSFET の耐圧によりその濃度、厚さは大きく異なる。たとえば 650 V クラスの高耐圧パワー MOSFET の場合、その濃度は $1.0 \sim 2.0 \times 10^{14}$ cm^{-3} 程度で厚さは約 50 μm といった

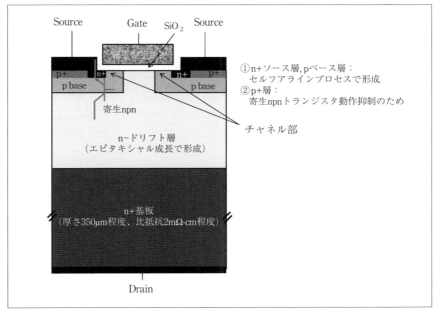

〔図2.1〕パワー MOSFET 断面構造図

※第2章　シリコンMOSFET

ところであろう。次にこのn型エピタキシャル層内に、イオン注入と熱処理を施すことによりn+ソース層ならびにpベース層を形成する。この時、同一フォトマスクの開口部を使ってこれらの層を形成するのが一般的である。つまり、図2.1に示したゲートポリシリコン電極の左もしくは右端を共通に、n+ソース層としてn型不純物イオン（たとえば、ヒ素）を、またpベース層にはp型不純物イオン（たとえば、ホウ素）をそれぞれイオン注入し、その後の熱処理によって不純物イオンの拡散係数の違いを利用してチャネル部を形成する。この手法により、MOSFETのオン抵抗やゲートしきい値電圧などの重要特性を決めるチャネル部分を安定的に形成できる。このように、既に形成されているゲートポリシリコン層をマスクとして利用し、マスク位置合わせなしでn+ソース層ならびにpベース層を形成することでチャネル部分を安定的に形成するプロセスのことを、自己整合プロセス（セルフアラインプロセス：self-alignment process）という。また、n+ソース層ならびにpベース層を二重拡散で形成したMOSFETのことを、Double diffused MOSFET（DMOSFET）と呼ぶ。

　pベース層はn+ソース層とともにソース電極に接続される。その際、n+ソース層/pベース層/n−ドリフト層で形成される寄生npnトランジスタが動作しないように図に示すように高濃度p+層を形成するのが一般的である。このようにパワーMOSFETは表面のMOS構造部をn−ドリフト層/n+基板上に形成した構造となっており、このn−ドリフト層とpベース層で形成されるpn接合によって大きな電圧を保持することができるのである。

2.2.2　パワーMOSFET作成プロセス

　図2.1に示したパワーMOSFETの素子作成プロセス例の概要を図2.2に示す。またプロセスステップを以下に示す。

　1）n+基板上にn−エピタキシャル層を成膜したシリコンウェハを準備
　2）ゲート酸化膜を成膜。厚さは、通常は50 nm-100 nm。熱酸化法で成膜
　3）ゲート電極としてCVD法を用いて不純物をドープした多結晶シリ

コン(ポリシリコン)膜を成膜。厚さは 500-800 nm 程度。その後、熱処理を施す
4) ドライエッチング法にてゲートポリシリコン層ならびにゲート酸

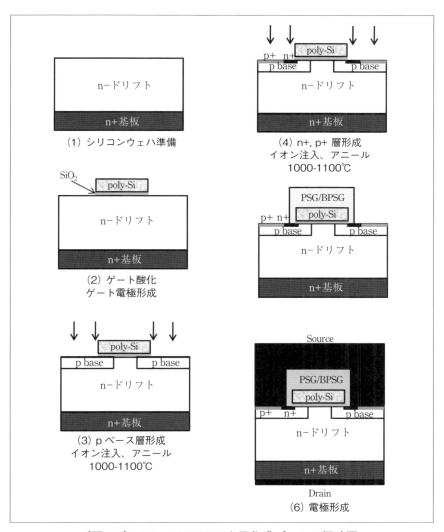

〔図 2.2〕パワー MOSFET 素子作成プロセス概略図

- 35 -

● 第2章　シリコンMOSFET

化膜をエッチング

5) デバイス活性領域内の p ベース領域および素子終端領域内の p+ ガードリング形成のための、ボロンイオン（B イオン）をイオン注入。その後 1000 ～ 1100℃程度でアニールし、不純物を拡散ならびに活性化処理

6) 同様に p+ コンタクト層形成のため B イオンを注入。不純物を拡散ならびに活性化処理

7) さらに、n+ ソース層形成のため、リン（P イオン）もしくはヒ素（As イオン）を注入。不純物を拡散ならびに活性化処理

8) 層間絶縁膜としての絶縁膜を成膜。リンガラス（Phosphorus silicate glass（PSG）/ Boro-phosphorus silicate glass（BPSG））の成膜が一般的（厚さ 800 nm ～ 1 μm）

9) 上記層間絶縁膜をドライエッチングし、ソース電極用コンタクトホールを形成

10) 素子表面に厚膜アルミニウム電極を形成し、その上に保護膜（ポリイミド等）を成膜

11) Ti / Ni / Au（金）（または Ag（銀））層をウェハの底部に成膜

２．２．３　MOS 構造の簡単な基礎理論

図 2.3 にパワー MOSFET の表面ゲート構造部の拡大図を示す。パワー MOSFET の特徴は、この図に示した MOS 構造部の動作にあり、その動作について図 2.4 に示した MOS 構造ならびにそのエネルギーバンド図を使って解説する。なおこの図では簡単のため、ゲート電極（ポリシリコン層）と p ベース層（シリコン）の仕事関数差をゼロとしている。MOS 構造とは、電極である金属（Metal）- 酸化膜（Oxidation film）- 半導体（Semiconductor）が積層した構造を言う。またこの図では、ゲート電圧 V_g はゼロボルトとなっている。酸化膜は良好な界面特性を持つシリコン酸化膜（SiO_2）が用いられる。ここでいう金属とはゲート電極のことで、実際のパワー MOSFET においては、n 型不純物がドーピングされた低抵抗ポリシリコン層を用いるのが一般的である。ゲート電極に印

－ 36 －

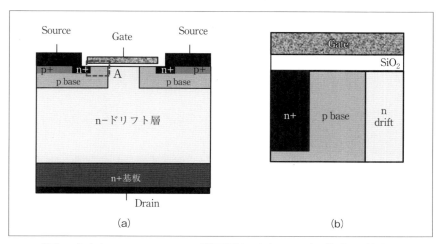

〔図2.3〕(a) パワーMOSFET断面図と (b) MOS部"A"の拡大図

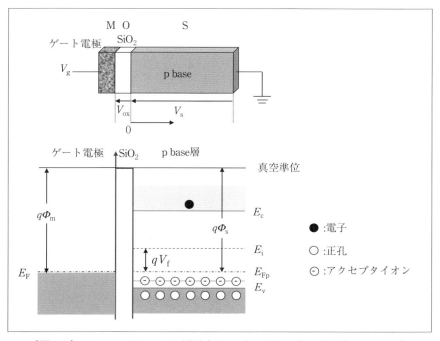

〔図2.4〕V_g = 0 V でのMOS構造部とエネルギーバンド図 ($q\Phi_m = q\Phi_s$)

- 37 -

加される電圧 V_g の大きさと極性によって MOS 構造には様々な変化が生じる。qV_f は禁制帯の中央のエネルギー準位（E_i）と p 型半導体のフェルミ準位（E_{Fp}）との差であり、半導体の不純物濃度で決まる。p 型半導体の場合、アクセプタ濃度を N_A とすると V_f は次式で表される。

$$V_f = \frac{kT}{q} ln \frac{N_A}{n_i} \quad \cdots\cdots\cdots\cdots\cdots\cdots\cdots\cdots\cdots\cdots\cdots \quad (2.1)$$

ここで、q は素電荷（$q = 1.6 \times 10^{-19}$ C）、k はボルツマン定数（$k = 1.38 \times 10^{23}$ J/K）、T は温度、n_i は真性キャリア濃度をそれぞれ表す。

A. p型半導体に対してゲート電極に正の電圧が印加される場合

図 2.5 にゲート電極に比較的小さい正の電圧を印加した際の MOS 構造の電界の様子とエネルギーバンド図をそれぞれ示す。ゲート電極に正の電圧が印加されると、p 層内の正孔が電界によって半導体表面から遠ざけられ表面には負の電荷を持ったアクセプタイオンが残り、空乏層が生じる。単位面積当たりの金属表面電荷を Q_M、空乏層の電荷を Q_S とすると、

$$|Q_M| = |Q_S| \quad \cdots\cdots\cdots\cdots\cdots\cdots\cdots\cdots\cdots\cdots\cdots \quad (2.2)$$

となる。また半導体表面のエネルギーバンドは V_s だけ下がり空乏層は半導体側に x_d 拡がる。そのとき、式 (2.2) は以下のように表すことができる。

$$Q_M = - q N_A x_d \quad \cdots\cdots\cdots\cdots\cdots\cdots\cdots\cdots\cdots\cdots\cdots \quad (2.3)$$

ここでポアソンの方程式 $dV/dx = -\rho/\varepsilon_{Si}$ を用いると V_s が計算できる。電荷密度 ρ に上式 (2.3) を代入し、境界条件を $x = 0$ で $V(0) = V_s$、$x = x_d$ で $V(x_d) = 0$、$dV/dx = 0$ として解くと、

$$V(x) = V_s \left(1 - \frac{x}{x_d} \right)^2 \quad \cdots\cdots\cdots\cdots\cdots\cdots\cdots\cdots \quad (2.4)$$

$$V_s = \frac{q N_A x_d^2}{2 \varepsilon_{Si}} \quad \cdots\cdots\cdots\cdots\cdots\cdots\cdots\cdots\cdots \quad (2.5)$$

となる。ここで ε_{Si} はシリコンの誘電率を表す。

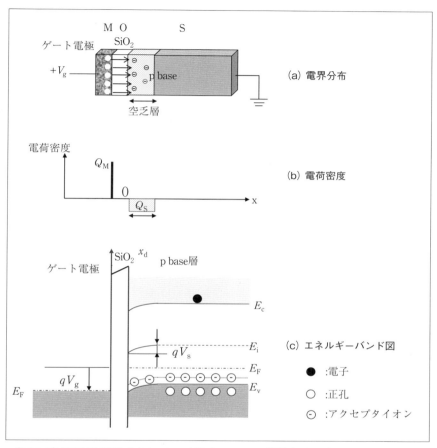

〔図2.5〕空乏層が形成されている場合のMOS構造部とエネルギーバンド図
($V_g > 0$ V)

B. p型半導体に対してゲート電極にさらに大きな正の電圧が印加される場合

　図2.6にゲート電極に大きな正の電圧を印加した時のMOS構造の電界の様子とエネルギーバンド図を示す。強い電界で半導体表面に電子が引き寄せられ、ある電圧を境として表面はn型化する。このn型化した層を反転層と呼ぶ。これ以降、V_gの増加に対して反転層内の電荷が増

● 第2章 シリコンMOSFET

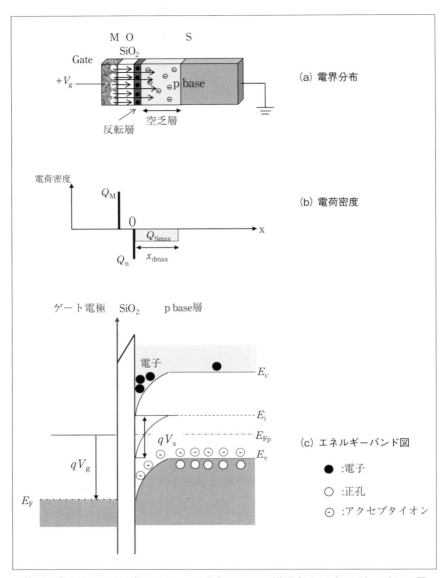

〔図2.6〕反転層が形成されている場合のMOS構造部とエネルギーバンド図
(V_g>0 V)

加するので、空乏層は最大幅 x_{dmax} 以上には広がらない。Q_M は、空乏層の電荷 Q_{SMAX} と反転層の電荷 Q_n の和で表される。

$$|Q_M| = |Q_{SMAX} + Q_n| \quad \cdots\cdots\cdots\cdots\cdots\cdots\cdots\cdots \quad (2.6)$$

Q_{SMAX} は一定の値を取り、その後の Q_M の増加で反転層の電荷 Q_n が大きくなる。つまり、V_g の増加によって反転層の導電率が向上するのである。この反転層を伝導チャネルとして用いたのが MOSFET なのである。

　qV_f だけエネルギーバンドが下方に押し曲げられ、禁制帯の中央 E_i が半導体のフェルミレベルより下に位置するときから原理的に p 型半導体の表面が n 型化し始める。この状態を弱い反転状態と呼ぶ。一般には、p 型半導体の正孔濃度と同じ電荷密度になるまで表面に電子が誘起された時反転層が形成されたと定義し、この場合を強い反転状態と呼ぶ。この時の半導体表面の電位 V_{sinv} は、

$$V_{sinv} = 2V_f \quad \cdots\cdots\cdots\cdots\cdots\cdots\cdots\cdots\cdots\cdots \quad (2.7)$$

空乏層の最大幅 x_{dmax} は、

$$x_{dmax} = \sqrt{\frac{2\varepsilon_{Si}V_{sinv}}{qN_A}} = 2\sqrt{\frac{\varepsilon V_f}{qN_A}} \quad \cdots\cdots\cdots\cdots\cdots\cdots \quad (2.8)$$

空乏層内の電荷 Q_{smax} は

$$Q_{smax} = -qN_A\,x_{dmax} = -2\sqrt{q\varepsilon_{Si}N_A V_f} \quad \cdots\cdots\cdots\cdots \quad (2.9)$$

と表せる。

　MOS 構造が持つ単位面積当たりの静電容量は、図 2.7 に示すように酸化膜の持つ静電容量 C_{ox} と半導体表面の空乏層の静電容量 C_d の直列接続における合成容量となる。ここで、C_{ox} ならびに C_d は以下のようになる。

$$C_{ox} = \varepsilon_{ox}/x_{ox}, \; C_d = \varepsilon_{Si}/x_d \quad \cdots\cdots\cdots\cdots\cdots\cdots\cdots \quad (2.10)$$

　ゲート電極に印加された電圧 V_g は、酸化膜と半導体に加わる電圧の和になるので、

$$V_g = V_{ox} + V_s = \frac{Q_s}{C_{ox}} + V_s \quad \cdots\cdots\cdots\cdots\cdots\cdots\cdots\cdots (2.11)$$

　反転層が形成される電圧をしきい値 V_{th} と呼び、反転状態が起こった時の酸化膜にかかる電圧とエネルギーバンドの曲がりで表される。空乏層が最大幅 x_{dmax} を取ることから次式のように表される。

$$V_{th} = \frac{qN_A x_{dmax}}{C_{ox}} + 2V_f \quad \cdots\cdots\cdots\cdots\cdots\cdots\cdots\cdots (2.12)$$

　実際のパワーMOSFETの場合、ゲート電極(ポリシリコン)とシリコン半導体間の仕事関数差 Φ_{MS} ならびにシリコン半導体とゲート酸化膜界面に発生する界面準位密度 Q_{ss} を考慮しなくてはならないため(図2.8参照)、しきい値 V_{th} は以下のように表すことができる。

$$V_{th} = \Phi_{MS} - \frac{Q_{ss}}{C_{ox}} + \frac{qN_A x_{dmax}}{C_{ox}} + 2V_f \quad \cdots\cdots\cdots\cdots (2.13)$$

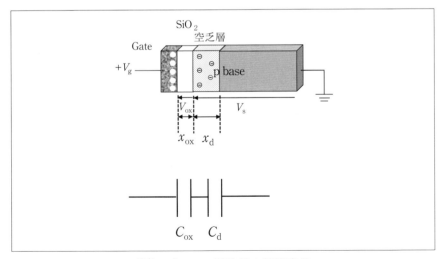

〔図2.7〕MOS 構造部の静電容量

2.2.4 ノーマリーオン特性とノーマリーオフ特性

移動度の高い電子のみが電流導通に寄与するユニポーラパワーデバイスには、パワー MOSFET だけでなく過去にジャンクション FET（JFET）や静電誘導トランジスタ（SIT）などが開発されているが、これらデバイスはパワー MOSFET に比べると広く実用化されることはなかった。パワー MOSFET が大きく実用化された理由は、前章にも述べた通り、電圧駆動型素子であることによる駆動回路が簡単になること、ならびに高ドレイン電圧印加時のドレイン電流飽和特性を示すことがあげられる。さらにもうひとつ大きな理由として、JFET ならびに SIT はいわゆる「ノーマリーオン特性」であるのに対し、パワー MOSFET は「ノーマリーオフ特性」を示すことができる点が挙げられる。ここではノーマリーオン特性とノーマリーオフ特性の違いを説明する。

・ノーマリーオン特性

制御電極（MOSFET ではゲート電極）のしきい値電圧 V_{th} が、$V_{th} < 0\,\mathrm{V}$ の状態、つまりゲート電極に印加する電圧が負であっても、ドレイン電極に

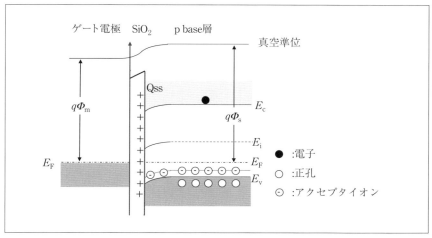

〔図 2.8〕ゲート電極金属の仕事関数が低く、かつ界面電荷 Q_{ss} が存在する場合のエネルギーバンド図（$V_g = 0\,\mathrm{V}$）

正の電圧を印加されれば電流が流れる特性をノーマリーオン特性という。
・ノーマリーオフ特性
　制御電極のしきい値電圧 V_{th} が、$V_{th} > 0$ V。つまり、ゲート電極に印加する電圧が正になった時、ドレイン電極に正の電圧を印加すれば電流が流れる特性のことを、ノーマリーオフ特性という。

　図2.9に、ノーマリーオフ特性ならびにノーマリーオン特性を示すパワーMOSFETのゲート電圧 V_g −ドレイン電流 I_d 特性（伝達特性）を示す。ゲート電極に印加した電圧 V_g がしきい値 V_{th} を超えると反転層が形成されドレイン電流が急激に流れ始める。ノーマリーオン特性を示すMOSFETの場合、V_{th} が負であるためゲート電圧がゼロボルトにおいてもドレイン電流が流れることとなる。一方、ノーマリーオフ特性を示すMOSFETでは、ゲート電圧がゼロボルトの時にドレイン電流が流れない。この特性の差は、パワーエレクトロニクス装置の異常時に大きな違いとなって表れる。

　図2.10はインバータ回路にゲート駆動回路を付加した概略図である。

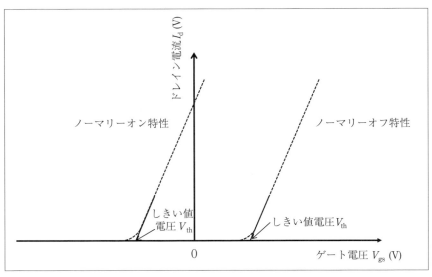

〔図2.9〕ノーマリーオン特性とノーマリーオフ特性

たとえば、負荷短絡等の異常事態が発生した場合、電流飽和特性を示す素子であればある一定電流以上の電流は流れることなく素子の瞬時破壊を防止できると前章で述べた。パワーエレクトロニクス装置は異常を検知すると保護回路が働いて電流を遮断するように動作するのが一般的である。異常事態を検知すると導通電流を遮断するため、制御電極であるゲート電極に印加されているゲート電圧をソース電極とショートさせゼロボルトに落とす（図中の丸印のスイッチをオンする）。もしこの時、パワーデバイスがノーマリーオン特性であった場合、ドレイン電圧には正の電圧が印加されているので電流を遮断することができず流れ続けることとなる。しかしながらノーマリーオフ特性を示すパワーデバイスであれば、電流は完全に遮断することができパワーエレクトロニクス装置を安全に停止することができる。つまりノーマリーオフ特性は、装置のフェールセーフの観点からパワーデバイスには必要不可欠な特性なのである。このことから、JFETやSITではなく、ノーマリーオフ特性を示すパワーMOSFETが広く市場に普及するようになったのである。

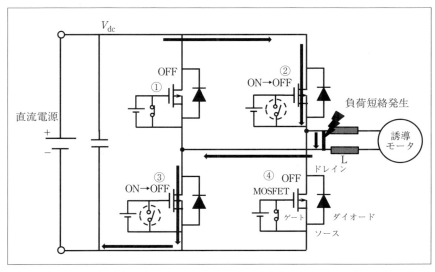

〔図2.10〕インバータ負荷短絡時の動作 ONしているMOSFET（②と③）をすぐOFFさせるため、ゲート電極をエミッタ電極に短絡する（V_g=0 Vにする）

2.2.5 電流—電圧特性

図2.11にパワーMOSFETの電流電圧特性を示す。ゲート電極とソース電極をショートした状態($V_{gs}=0$ V)でドレイン電極に正の電圧を印加しても電流は流れない。これは前章で述べたように反転層が形成されていないためソース電極からn+ソース層を通して電子が流れないためであり、いわゆる順方向阻止状態となっているためである。そしてそのまま、ドレイン電極に印加する正の電圧を大きくすると、ある電圧に達した時点で急激に電流が流れ、それ以上の高い電圧を印加できなくなる。このドレイン電圧を、特に素子耐圧(または、耐圧)といい、半導体内部で生じたアバランシェ降伏現象によって電流が急激に流れる。たとえば、素子定格電圧650 VのMOSFETの場合、このアバランシェ降伏で決まる素子耐圧が650 Vを少し超えた値を示すように設計されている。次にゲート電極に正の電圧印加した場合を考える。パワーMOSFETはゲート電極にしきい値V_{th}より大きな電圧を印加すると、反転層を形成してソース電極から電子が導通するようになる。図2.11に示すように、

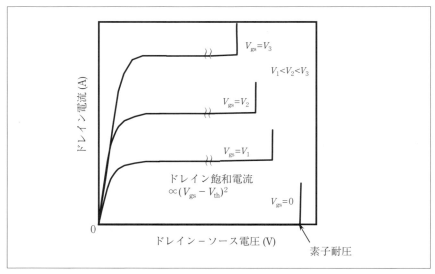

〔図2.11〕MOSFETの電流—電圧特性図

ゲート電圧 V_{gs} が $V_{gs} > V_{th}$ の状態で、ドレイン電極に正の電圧を印加すると電流は導通する。一般的にパワー MOSFET のゲートしきい値電圧 V_{th} は、室温 (25℃) で 2.0 V～4.0 V 程度に設定されている。理想的なパワー MOSFET では電流導通時の電圧降下はゼロとなるが、実際には図に示す通り、電流電圧特性の線形領域において一定の電圧降下を示す。この原点からの直線の傾きの逆数が電気抵抗となり、パワー MOSFET ではこの電気抵抗のことを「オン抵抗」と呼ぶ。パワー MOSFET のオン抵抗は低いことが望ましいのは言うまでもない。そして図 2.12 に示すように、単位面積当たりのオン抵抗のことを、特性オン抵抗 $R_{on,sp}$ (Specific on resistance) という。

2.2.6 ソース・ドレイン間の耐圧特性

図 2.13 にパワー MOSFET においてドレイン電極に高電圧が印加された状態（順方向阻止状態）における電界分布ならびに空乏層の拡がり方の概略図を示す。パワー MOSFET のドレイン・ソース間の耐圧特性は、

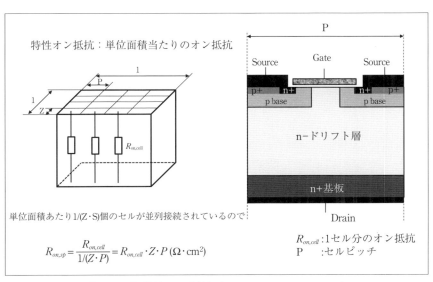

〔図 2.12〕特性オン抵抗 (Specific on resistance)

①pベース層とn-ドリフト層で形成されるpn接合の逆バイアス特性もしくは②ゲート電極とn-ドリフト層で構成されるMOSキャパシタンス耐圧によって決まる。図2.14に②MOSキャパシタンス部の電界分布を示す。この図は、順方向阻止状態における図2.13のA-A'線上での電界分布を表したものである。ドレイン電極に大きな電圧を印加することでゲート酸化膜にも電界が印加されることがわかる。その最大の電界強度の値は、ガウスの法則からシリコンの最大電界強度E_cにシリコンとSiO_2の誘電率の比をかけた値となり、最大でも約$9.2×10^5$ V/cmとなる。この値は、SiO_2の絶縁破壊電界強度(約$1.0×10^7$ V/cm)に比べ十分小さく、よってシリコンパワーMOSFETではMOSキャパシタンス部での酸化膜破壊はほとんど発生せず、前記pn接合の逆バイアス耐圧特性で決まることになる。パワーMOSFETのドレイン電極に高電圧が印加されると、pベース層と低濃度n-ドリフト層間に空乏層が広がり始める。そしてこのpn接合間に広がる空乏層中の電界強度がシリコンの最大電界強度に達した時点でアバランシェ降伏が起こり、大電流が流れる。この

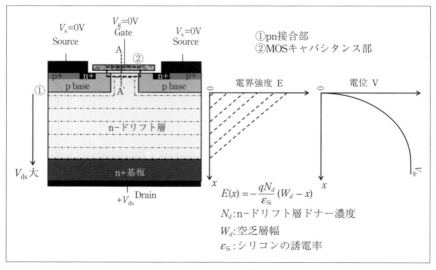

〔図2.13〕プレーナDMOSFET順方向阻止状態での空乏層の拡がりとpn接合電界分布

とき印加されているドレイン・ソース間の電圧がパワー MOSFET の素子耐圧となる。この素子耐圧をまさに pn 接合で決まるようにするため、素子設計上注意しなくてはいけない点がある。一つは、n+ ソース層 /p ベース層 /n−ドリフト層で構成される寄生 npn トランジスタの動作を完全に抑制する点である。高電圧印加時の発生する微小なもれ電流により、ドレイン電圧印加中に寄生 npn トランジスタがオンするようなことがあれば、n+ ソース電極から注入された電子によりアバランシェ降伏が促進されることにより、当然 p ベース /n−ドリフト層で決まる pn 接合耐圧特性よりも低い電圧で MOSFET はアバランシェ降伏を生じることとなる。そのため、ソース電極部に前述した p+ 層を導入することにより、n+ ソース層と p ベース層がソース電極によって十分低い抵抗でショートされ、もれ電流が流れても寄生 npn トランジスタが動作しないよう

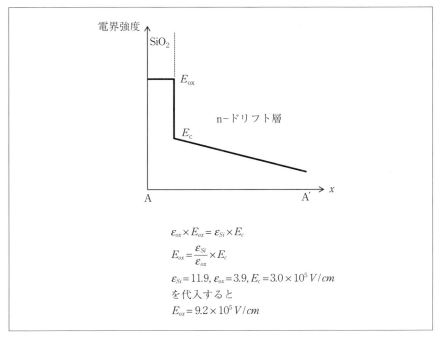

〔図 2.14〕パワー MOSFET MOS キャパシタンス部の電界分布（図 2.13 A-A' 線上）

にすることがパワー MOSFET の耐圧を、pn 接合耐圧特性で決まる十分大きな値にする重要なポイントの一つになる。

　もう一つは p ベース層の不純物濃度と厚さの設定に十分注意を払わなくてはならない点である。ドレイン電極に高電圧が印加されると n−ドリフト層に空乏層が拡がると述べたが、n−ドリフト層よりも高濃度の p ベース層にも空乏層は拡がる。もし p ベース層不純物濃度が低い、もしくは厚さが不十分な場合、p ベース層に拡がった空乏層が n+ ソース層に到達する、いわゆるリーチスルー状態となり、n+ ソース層から電子が空乏層中に流れ出す。その結果素子耐圧を劣化させることにつながってしまう。図 2.15 はドレイン電極に正の電圧を印加した際の p ベース層 /n−ドリフト層接合での電界分布図である。このように三角形の電界分布を pn 接合で形成することでドレイン電圧を保持することとなる。なおこの例では、p ベース層と n−ドリフト層の不純物濃度は深さ方向に一定と仮定している。p ベース層内に拡がる空乏層幅 W_p は以下の式

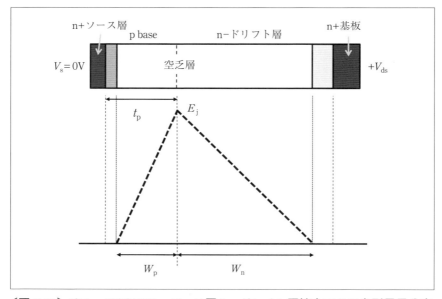

〔図 2.15〕パワー MOSFET p ベース層 /n−ドレイン層接合での三角形電界分布

で表すことができる。

$$W_p = \frac{\varepsilon_{Si} E_j}{q N_A} \quad \cdots\cdots\cdots\cdots\cdots\cdots\cdots\cdots\cdots\cdots\cdots\cdots\cdots \quad (2.14)$$

ここで N_A は p ベース層の不純物濃度、q は素電荷（$q = 1.6 \times 10^{-19}$ C）、ε_{Si} はシリコンの誘電率である。空乏層のリーチスルーを生じさせない最小の p ベース厚さ t_p は、上式の電界強度 E_j がシリコンの最大電界強度 E_c に達した際の値であり、以下の式で表すことができる。

$$t_p = \frac{\varepsilon_{Si} E_c}{q N_A} \quad \cdots\cdots\cdots\cdots\cdots\cdots\cdots\cdots\cdots\cdots\cdots\cdots \quad (2.15)$$

最大電界強度がおよそ 3.0×10^5 V/cm と比較的小さいシリコン MOSFET の場合、最小の p ベース厚さは SiC に比べ薄くすることができるため、チャネル長を短くできるなど微細化による低オン抵抗化の設計に自由度が高いということができる [10]。

ここで図 2.13 に示したドレイン電極に高電圧が印加された状態（順方向阻止状態）における電界分布ならびに空乏層の拡がり方の概略図を確認する。p ベース層濃度が n−ドリフト層の濃度よりも極めて高濃度であると仮定すると、p ベース層 /n−ドリフト層で形成される pn 接合において、以下に示す式が成り立つ。

$$\frac{d^2 V}{dx} = -\frac{dE}{dx} = -\frac{q N_D}{\varepsilon_{Si}} \quad \cdots\cdots\cdots\cdots\cdots\cdots\cdots\cdots\cdots \quad (2.16)$$

ここで、N_D は n−ドリフト層内のドナー濃度とする。この式は、片側階段接合のポアソンの方程式である。

この式を x に対して積分すると、

$$E(x) = \frac{q N_D}{\varepsilon_{Si}} x + A \quad （A は積分定数）\quad \cdots\cdots\cdots\cdots\cdots\cdots \quad (2.17)$$

電界に関する境界条件で、空乏層端 W_d での電界強度 E(W_d) = 0 なので、

$-$ 51 $-$

●第2章　シリコンMOSFET

$$A = -\frac{qN_D}{\varepsilon_{Si}}\,W_d \quad \text{..........................} \quad (2.18)$$

よって

$$E(x) = \frac{qN_D}{\varepsilon_{Si}}(W_d - x) \quad \text{.......................} \quad (2.19)$$

以上より、空乏層内の電界の傾きは、n－ドリフト層の不純物濃度 N_D に比例することがわかる。

上式をさらに x に対して積分すると、

$$V(x) = \frac{qN_D}{2\varepsilon_{Si}}x^2 - Ax + B \quad (A, B は積分定数) \quad \text{..............} \quad (2.20)$$

電位に関する境界条件として、$V(0) = 0$ なので、$B = 0$。

よって、

$$V(x) = \frac{qN_D}{\varepsilon_{Si}}\left(W_d\,x - \frac{x^2}{2}\right) \quad \text{....................} \quad (2.21)$$

印加した電圧 V_{ds} が十分大きく、pn 接合の拡散電位差 V_{bi} は無視できるとすると、$V(W_d) = V_{ds}$ なので、

$$V(W_d) = V_{ds} = \frac{qN_D\,W_d^2}{2\varepsilon_{Si}} \quad \text{.........................} \quad (2.22)$$

したがって、

$$W_d = \sqrt{\frac{2\varepsilon_{Si}V_{ds}}{qN_D}} \quad \text{.............................} \quad (2.23)$$

このことから、ドレイン電圧 V_{ds} を印加した時の空乏層幅は、n－ドリフト層の不純物濃度 N_D の平方根の逆数に比例することがわかる。

pn 接合部の最大電界強度がシリコンの破壊電界強度 E_c に到達したと

－ 52 －

きに、アバランシェ降伏が生じる。この降伏電圧（耐圧）V_{BD} は、電界分布の三角形積分なので、

$$V_{BD} = \frac{E_c \times W_{d,BD}}{2} \quad \cdots\cdots\cdots\cdots\cdots\cdots\cdots\cdots\cdots\cdots\cdots (2.24)$$

このときの空乏層幅は、

$$W_{d,BD} = \sqrt{\frac{2\varepsilon_{Si} V_{BD}}{q N_D}} \quad \cdots\cdots\cdots\cdots\cdots\cdots\cdots\cdots\cdots (2.25)$$

上記 2 式を V_{BD} について解くと、

$$V_{BD} = \frac{\varepsilon_{Si} E_c^2}{2 q N_D} \quad \cdots\cdots\cdots\cdots\cdots\cdots\cdots\cdots\cdots\cdots (2.26)$$

となり、素子耐圧は n−ドリフト層の不純物濃度 N_D の逆数に比例する。このことから、パワー MOSFET の素子耐圧を上げるためには、n−ドリフト層の不純物濃度 N_D を低くすればいいことがわかる。しかしながら N_D を低くすると後述するように MOSFET のオン抵抗が増大する。このことからパワー MOSFET において、素子耐圧とオン抵抗はトレードオフの関係にあることがわかる。

２.２.７　パワー MOSFET のオン抵抗

　プレーナゲート構造を有するパワー MOSFET（以下プレーナ MOSFET と記す）のオン抵抗の成分は、表面チャネル部の抵抗、n−ドリフト層ならびに n+ 基板の抵抗の総和として表すことができる。ドレイン電流はゲート電極に正の電圧を印加し、かつドレイン電極に正の電圧を印加することで流れる。表面チャネル部には p ベース層表面に反転層が形成され、この領域を n+ ソース層から流れ出た電子が通過し n−ドリフト層に向かい流れる。そして n−層に到達した電子は、DMOSFET に存在する JFET（Junction FET）領域という、p ベース層が対向した道幅の狭い n−領域を通りドレイン電極に向かって流れる。この JFET 領域で発

生する抵抗を JFET 抵抗と呼ぶ。この JFET 抵抗を低減するためには、ゲート電極幅を拡げることで p ベース層が対向した領域幅を拡げたり、JFET 領域だけその不純物濃度を高くする手法が用いられる。JFET 領域を通り過ぎた電子は、p ベース層/n−ドリフト層で形成される pn 接合の下に拡がる n−ドリフト層に到達しこの n−ドリフト層全面に拡がってドレイン電極に向かい流れる。図 2.16 にプレーナゲート構造を有する DMOSFET の詳細な内部抵抗要素を示す [10]。ソース電極と n+ ソース層の接触抵抗である、金属—半導体コンタクト抵抗から始まり、チャネル部反転層の抵抗や JFET 抵抗、n−ドリフト層の抵抗、n+ 基板とドレイン電極のコンタクト抵抗まで、全部で 8 つもの抵抗成分が存在する。これらが直列に接続した形となって DMOSFET の全抵抗、すなわち DMOSFET のオン抵抗 R_{on} となっており、次式で表すことができる。

$$R_{ON} = R_{CS} + R_{n+} + R_{ch} + R_{acc} + R_{JFET} + R_D + R_{SUB} + R_{CD} \quad (2.27)$$

高性能パワー MOSFET を開発するということは、必要な素子耐圧を保ったまま、オン抵抗 R_{on} を最小にすることである。これを実現さるた

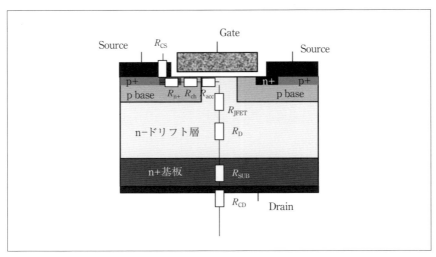

〔図 2.16〕プレーナ MOSFET（DMOSFET）の内部抵抗成分

めに、DMOSFETを構成する各層の濃度や厚さ、寸法を最適に設計することが重要となる。これを実現するため、最新のDMOSFETの設計では、2次元または3次元のTCADデバイスシミュレーション技術を駆使し、たとえば電流導通時のチャネル部での電流集中、JFET部からn-ドリフト層への電子の拡がり、さらには順方向阻止状態でのpベース層/n-ドリフト層接合曲率部での電界集中の度合いなどを詳細に解析し、素子耐圧とオン抵抗トレードオフ特性を向上させ、最適なパワーMOSFETデバイスの設計を行っている。微細寸法を目指したサブミクロンMOSチャネル部を安定的に作成するための前述の自己整合プロセス技術をはじめ、素子耐圧を劣化させることなくJFET抵抗を低減するための高濃度n層イオン注入技術、さらにトレンチゲート技術などは、素子耐圧とオン抵抗のトレードオフ特性を向上するために生まれた技術であり、これらは現在のパワーMOSFETにも適用されている。

図2.17に素子定格電圧30Vならびに600VのプレーナDMOSFETの

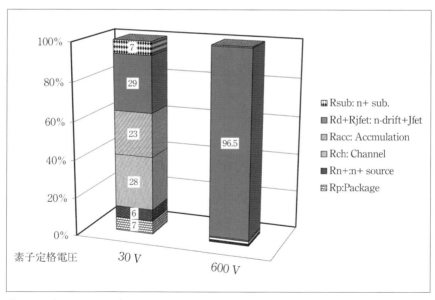

〔図2.17〕30Vならびに600V DMOSFETの各抵抗成分の全オン抵抗に占める比率

全オン抵抗に対する各部抵抗の比率を示す [11]。まず、ソースならびにドレイン電極部のコンタクト抵抗 (R_{CS}, R_{DS})、ならびに n+ ソース層抵抗 (R_{n+}) は極めて小さくほとんど無視できることがわかる。耐圧 50 V 未満の MOSFET の場合、全体に占めるチャネル部の抵抗が大きく、そのため素子設計ではいかにチャネル抵抗を下げるかに注力される。チャネル抵抗は次式で表される。

$$R_{ch} = \frac{L_{ch} W_{cell}}{2\mu_{nch} C_{ox}(V_G - V_{ch})} \quad \cdots\cdots\cdots\cdots\cdots\cdots\cdots\cdots\cdots (2.28)$$

ここで、μ_{nch} は MOS チャネル部の移動度、C_{ox} は MOS 部の静電容量、L_{ch} はチャネル長、W_{cell} は単位セルのセル幅をそれぞれ表す。また、チャネル抵抗を減らすためには上記単位セルを一定面積内により多く詰め込むことで総チャネル幅を長くし R_{ch} を低減することがある。たとえば図 2.18 に示すように、正六角形セルをそれぞれ正六角形の配置で設計することで、結晶学でいうところの六方最密構造のように、一定の面積内により多くの単位セルを配置することができ、R_{ch} を低減するのであ

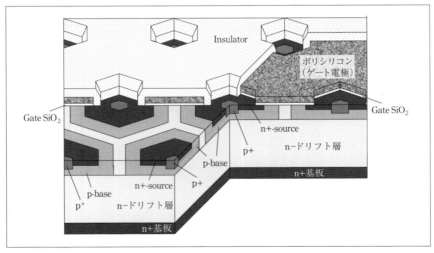

〔図 2.18〕正六角形セル配置をした DMOSFET 構造

る [12]。

次に、n−ドリフト層部のオン抵抗 R_D について考える。R_D は以下の式で表される。

$$R_D = \frac{W_D}{q\mu_n N_D} \quad \cdots\cdots\cdots\cdots\cdots\cdots\cdots\cdots\cdots\cdots\cdots\cdots\cdots (2.29)$$

ここで、W_D は n−ドリフト層厚さ、N_D は n−ドリフト層の濃度、μ_n は電子のバルク移動度である。素子耐圧印加時の空乏層幅は以下の式で与えられる。

$$W_D = \frac{2V_{BD}}{E_C} \quad \cdots\cdots\cdots\cdots\cdots\cdots\cdots\cdots\cdots\cdots\cdots\cdots\cdots (2.30)$$

V_{BD} はアバランシェ降伏電圧、E_c はシリコンの破壊臨界電界である。ここで、前出の式 (2.26) から

$$N_D = \frac{\varepsilon_{Si} E_c^2}{2qV_{BD}} \quad \cdots\cdots\cdots\cdots\cdots\cdots\cdots\cdots\cdots\cdots\cdots (2.31)$$

となるため、上式をまとめると n−ドリフト層の特性オン抵抗 R_D は以下のように表される。

$$R_D = \frac{4V_{BD}^2}{E_s \mu_n E_C^3} \quad \cdots\cdots\cdots\cdots\cdots\cdots\cdots\cdots\cdots\cdots\cdots (2.32)$$

この式から、素子耐圧が 2 倍になると R_D は 4 倍に増加し、また半導体材料の破壊臨界強度 E_c が 10 倍大きくなると R_D は 1000 分の 1 に低減できることがわかる。現在次世代パワーデバイス材料として注目されている SiC や GaN は、エネルギーバンドギャップがシリコンに比べ大きく、E_c が 10 倍以上大きい。そのため素子耐圧を保ったままオン抵抗を大きく低減できるため期待されているのである。また式 (2.32) の分母は、パワーデバイスの性能指数の一つである Baliga Figure of Merit（BFOM）として知られている [13]。この BFOM が大きければ大きいほど、パワ

− 57 −

一半導体としての性能がいいとされている。

　JFET抵抗成分R_{JFET}は、プレーナDMOSFETのセル幅W_{cell}を小さく設計すると、その値は大きくなることが知られている。これはpベース層間の寸法が短くなる（狭くなる）ためである。JFET部のオン抵抗R_{JFET}は図2.19に示したパラメータを使って以下の式のように表せることが知られている[14]。

$$R_{JFET} = \frac{\rho_{JFET}\, x_{jp}\, W_{cell}}{W_G - 2x_{jp} - 2W_0} \quad\quad\quad\quad (2.33)$$

　ここで、ρ_{JFET}はJFET部の比抵抗、x_{jp}はpベース層の拡散深さ、W_{cell}は単位セル幅、W_Gはゲート電極幅、そして、W_0はゼロ電圧印加時の空乏層幅をそれぞれ表す。上式からR_{JFET}低減のためには、高濃度n-層をJFET部に設けることで比抵抗ρ_{JFET}を低減し、なおかつpベース層を浅く形成することが有効であることがわかる。

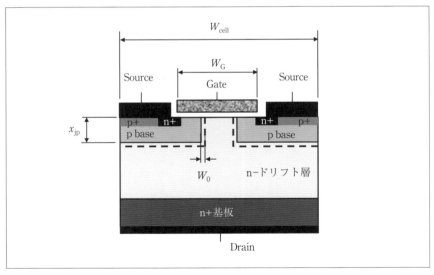

〔図2.19〕JFET抵抗モデリングのためのDMOSFET断面構造図

2.2.8 パワー MOSFET のスイッチング特性

パワー MOSFET は IGBT と異なりユニポーラデバイスであるため少数キャリアの蓄積はなく、そのスイッチング速度は速い。そしてスイッチング動作は、ゲート駆動回路と MOSFET のソース・ドレイン電極間に接続される負荷回路によって制御される。ここではパワー MOSFET をターンオンする場合を例に、そのスイッチング動作を説明する。

ゲートしきい値電圧 V_{th} 以上の電圧をゲート電極に入力することで、表面 MOS 部の容量に充電し反転層を形成する。一方、オンからオフへターンオフする場合、逆に充電した MOS 部の容量を放電し反転層を消す必要がある。パワー MOSFET のスイッチング速度は表面 MOS 部の充放電速度で決まるということができる。パワー MOSFET の寄生 MOS 容量を示した図を図 2.20 に表す。MOSFET の容量は、入力容量 C_{iss}、出力容量 C_{oss}、そして帰還容量 C_{rss} で定義され以下の式のようになる。

$$C_{iss} = C_{gs} + C_{gd} \quad\quad\quad\quad\quad\quad\quad\quad\quad\quad (2.34)$$

$$C_{oss} = C_{gd} + C_{ds} \quad\quad\quad\quad\quad\quad\quad\quad\quad\quad (2.35)$$

$$C_{rss} = C_{gd} \quad\quad\quad\quad\quad\quad\quad\quad\quad\quad\quad\quad (2.36)$$

ここで、C_{gs} はゲート・ソース電極間容量、C_{gd} はゲート・ドレイン電

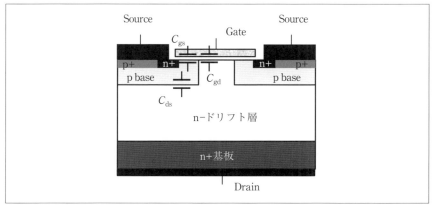

〔図 2.20〕プレーナ DMOSFET 内の容量成分

極間容量、そして C_{ds} はドレイン・ソース間容量をそれぞれ示す。パワーMOSFET のターンオン時のゲート電圧波形ならびにドレイン電流・電圧波形を図 2.21 に示す。まず、t=0 にてゲート電極にオンパルスを入力する。ゲート電流が流れはじめ、入力容量 C_{iss} が以下の式で表されるような一定のゲート電圧変化率 dV_g/dt で充電される。

$$\frac{dV_{gs}}{dt} = \frac{I_g}{C_{iss}} = \frac{I_g}{C_{gs} + C_{gd}} \quad \cdots\cdots\cdots\cdots\cdots\cdots\cdots\cdots\cdots\cdots (2.37)$$

ここで、I_g はゲート電流を表す。ソース・ドレイン間に高電圧が印加されている状態において、C_{iss} はほとんど C_{gs} となる。よって、この最初に期間では、ゲート電流 I_g は C_{gs} を充電するために費やされる。ゲート電圧 V_g がしきい値電圧 V_{th} に達すると、反転層が形成され MOSFET

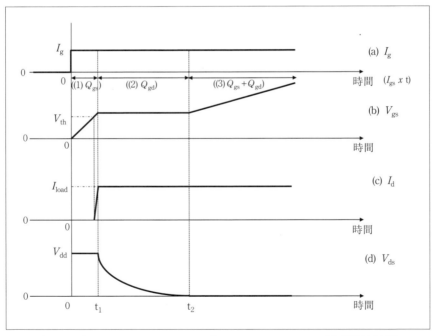

〔図 2.21〕MOSFET ターンオン時のゲート、ドレイン電圧電流波形

のドレイン電流 I_d が流れ始める。ドレイン電流 I_d は以下の式で表される。

$$I_d = g_m(V_{gs} - V_{th}) \quad \cdots\cdots\cdots\cdots\cdots\cdots\cdots\cdots\cdots\cdots\cdots \quad (2.38)$$

ここで、g_m はコンダクタンスといい、以下の式で表される。

$$g_m = \frac{dI_d}{dV_{gs}} \quad \cdots\cdots\cdots\cdots\cdots\cdots\cdots\cdots\cdots\cdots\cdots \quad (2.39)$$

次に、ドレイン電流が負荷電流 I_{load} にまで達すると、今度はドレイン電圧 V_{ds} が低下し始める。この状況において、ゲート電流は以下の式で表されるように帰還容量 C_{rss} を放電するために費やされる。

$$\frac{dV_{ds}}{dt} = -\frac{I_g}{C_{rss}} \quad \cdots\cdots\cdots\cdots\cdots\cdots\cdots\cdots\cdots\cdots \quad (2.40)$$

その後、C_{rss} はドレイン電圧 V_{ds} の減少とともに増加することになる。そして、ドレイン電圧 V_{ds} が電流導通のオン定常状態まで低下するとゲート電圧 V_{gs} が、ゲート電流 I_g が供給され続けるまで上昇するのである。上記一連の MOSFET ターンオン動作において、最もターンオン損失が発生するのは、高電圧・大電流が同時に素子に印加される式（2.40）で示される期間である。そのためターンオン損失の低減には上式（2.40）で示される期間を短縮化することが重要となり、dV_{ds}/dt をより大きく設定するため帰還容量 C_{rss} を、オン抵抗や耐圧特性を犠牲にすることなく小さくする設計にすることが極めて重要になるのである。またパワー MOSFET を駆動するためのゲート駆動回路の損失についても注意を払う必要がある。パワー MOSFET はユニポーラ動作であるため本来高速スイッチング特性に有利であり、高周波で駆動されるアプリケーションに用いられることが多い。ゲート駆動回路での発生損失は、駆動周波数を f とすると $V_g \times (Q_{gs} + Q_{gd}) \times f$ で表すことができるため、ゲート・ソース間（Q_{gs}）ならびにゲート・ドレイン間（Q_{gd}）の電荷量を減らす設計も重要である。

2.2.9　トレンチゲートパワー MOSFET

　プレーナ DMOSFET 構造では、p ベース層間に存在する JFET 抵抗が存在しこれがオン抵抗低減のためのセル微細化を妨げる要因となった。つまりセルを微細化しようとするとゲート電極幅を小さくする必要があり、その結果 p ベース層間隔も狭くなるため JFET 抵抗成分が低減できないのである。そんな中、シリコン基板に対して垂直にトレンチ溝を掘り、そこにゲート酸化膜とゲート電極を形成することで、トレンチ側壁にチャネルを形成、MOSFET として動作させるトレンチゲートパワー MOSFET（以下トレンチ MOSFET と記す）が提案された。上記トレンチ技術はもともと DRAM (Dynamic Random Access Memory) 開発のためつくられた技術で、これをパワーデバイスに応用したものである。開発当初のトレンチ構造は V 型の溝であったが、溝底部の鋭角な部分への電界集中を避けるため、V 溝底部をフラットにした形へと変化した。その後プロセスも進化し図 2.22 に示すような垂直な形のトレンチ MOSFET となった [15]。現在のトレンチ MOSFET は、高電圧印加時のゲート角部での電界集中による破壊等を防ぐため、トレンチの角を丸めた構造（U 型構造）を取るのが普通である。そのため、トレンチ MOSFET を「UMOSFET」と呼ぶことがある。ゲート電極をシリコン基板内に細長く

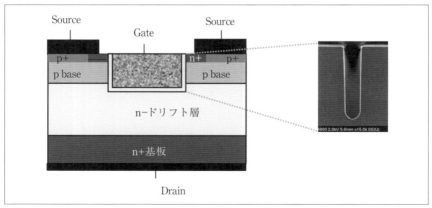

〔図 2.22〕トレンチ MOSFET の断面構造とトレンチ形状 SEM 写真

埋め込むことで単位セルのセルピッチがプレーナ MOSFET に比べ縮小し、総チャネル幅が長くなるという特徴を有する。またプレーナ MOSFET と異なり、電子の導通経路に p ベース層が向かい合う領域が無くなることで JFET 抵抗が存在しないという特徴を併せ持つ。これらにより、トレンチ MOSFET はプレーナ MOSFET に比べそのオン抵抗を十分低減できるようになった。特に全抵抗に占めるチャネル抵抗 R_{ch} 比率が大きい、耐圧 100 V～200 V 以下の MOSFET でオン抵抗低減の効果は大きくなる。トレンチ MOSFET のオン抵抗は、2.2.7 節で示したプレーナ MOSFET の全抵抗同様以下で表すことができる [10]。また図 2.23 に各抵抗成分を示す。

$$R_{ON} = R_{CS} + R_{n+} + R_{ch} + R_{acc} + R_D + R_{SUB} + R_{CD} \quad \cdots\cdots\cdots (2.41)$$

プレーナ MOSFET 同様、ソースならびにドレイン電極部のコンタクト抵抗（R_{CS}, R_{DS}）、ならびに n+ ソース層抵抗（R_{n+}）は極めて小さくほとんど無視できる。また、チャネル抵抗を低減するためトレンチ MOSFET においても、正六角形セルに代表されるセル構造を適用する例もみられるが、電界集中しやすいトレンチ底部の角をできるだけ無くしたいこと

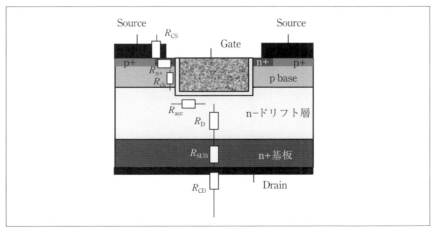

〔図 2.23〕トレンチ MOSFET の内部抵抗成分

●第2章　シリコンMOSFET

から、トレンチ MOSFET ではいわゆるストライプ型セル構造を採用している ものが多い。チャネル抵抗は式（2.28）で示した式で表される。つまりトレンチ MOSFET はセル微細化の効果により総チャネル幅が増加、別の言い方をすると単位面積当たりのチャネル密度が増加することで、チャネル部の抵抗が低減できるのである。

　一方、単位面積当たりのゲート容量という観点で見ると、トレンチ MOSFET はセルの微細化の影響でプレーナ MOSFET に比べ、C_{iss} や C_{rss} などの容量は大きくなる傾向になる。つまりスイッチング速度がプレーナ MOSFET に比べ遅くなる可能性がある。現代の最先端パワー MOSFET 開発の現場では、相反する低オン抵抗特性と高速スイッチング特性を同時に改善するデバイスを実現すべく、各企業はしのぎを削っているのである。

2.2.10　最先端シリコンパワー MOSFET

A.　新構造トレンチMOSFET

　トレンチ MOSFET はチャネル部の抵抗成分を低減することで全オン抵抗を低減できるという特徴があり、これは n−ドリフト層抵抗の比率が小さい、耐圧 100 〜 200 V 以下の低耐圧 MOSFET で効果的となる。トレンチゲート構造の誕生によりチャネル抵抗は格段に小さくなった。しかしながら n−ドリフト層の抵抗はほとんど低減することなく、低耐圧 MOSFET においてもその抵抗の大きさが注目されるようになってきた。このような背景の中誕生したのが、図 2.24 に示すトレンチフィールドプレート MOSFET である [16]。この構造の特徴は、トレンチ MOSFET 構造のトレンチを n−ドリフト層深くまで掘り、厚い酸化膜に囲まれた埋め込みゲート電極構造を取るところにある。この埋め込み電極はゲート電極と同様にポリシリコンで形成する。この埋め込みポリシリコン電極がソース電極と接続されているためいわゆる RESURF 効果（REduce SURface Field 効果）[17] により n−ドリフト層内の電界分布を均一にする。これにより、n−ドリフト層の不純物濃度を高くしてもソース・ドレイン間の耐圧を保つことができるため、低オン抵抗化が可能となるの

− 64 −

である。たとえば文献[18]によると、素子定格電圧60Vのトレンチ MOSFETの場合、n−ドリフト層での抵抗は全体の約60%を占める。これにトレンチフィールドプレート構造を適用することで、素子耐圧を保持したまま特性オン抵抗$R_{on,sp}$を17.8 mΩcm^{2}から10.9 mΩcm^{2}にまで低減したとしている。またパワーMOSFETの低オン抵抗特性と高速スイッチング特性を表す性能指数$R_{on} \times Q_g$（Q_g: ゲート電極電荷量）を比較すると、トレンチフィールドプレート構造の方がトレンチMOSFETよりも良好であるとの結果も報告されており、素子定格電圧60V素子においても十分効果的であるといえる（表2.1参照）。これは、ゲート・ドレイン間容量（帰還容量）であるC_{gd} (or C_{rss})が、トレンチ底部ならびにその周辺の酸化膜が厚いことにより低減でき、その結果低オン抵抗化とともに高速スイッチング特性にも有効となるためである。

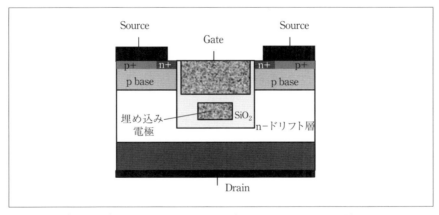

〔図2.24〕トレンチフィールドプレートMOSFETの断面図

〔表2.1〕新型トレンチMOSFETと従来型MOSFETの特性比較

	新型トレンチMOSFET	従来トレンチMOSFET
素子耐圧（V）	65	70
特性オン抵抗$R_{on,sp}$(mΩ mm^2)	10.9	17.8
Q_g(nC)	73.9	66
$R_{on} \times Q_g$(m$\Omega \cdot$ nC)	85	145

＊第2章　シリコンMOSFET

B.　スーパージャンクションMOSFET

　パワー MOSFET の低オン抵抗化への取り組みは、高耐圧領域の MOSFET でも継続的に行われてきた。プレーナ MOSFET で耐圧 600 V の高耐圧パワー MOSFET の場合、そのオン抵抗は図 2.17 に示すように そのオン抵抗のほとんどは n−ドリフト層での抵抗成分となる。この n−ドリフト層の抵抗は不純物濃度と厚さによってオン抵抗と素子耐圧が決まり、この達成しうる限界特性を「シリコンの理論限界」とも呼び、横軸を素子耐圧 V_{BD}、縦軸を特性オン抵抗に取ると式（2.32）で決まる線を描く。このように高耐圧パワー MOSFET では、n−ドリフト層の最適設計を行うことでオン抵抗の低減が図られ、上記「シリコンの理論限界」線ぎりぎりの特性を示す MOSFET も実現された [19]。しかしながらオン抵抗と耐圧特性のトレードオフ特性を大きく改善することは、高耐圧パワー MOSFET では望めない状況であった。

　このような中、スーパージャンクション（superjunction: SJ）構造という新たは発想の MOSFET が考案された。1979 年に発表された RESURF 理論 [17] に基づき、n−/p−ストライプ層（ドリフト層）を交互に配置する構造を横型ダイオードならびに MOSFET に適用したことに端を発する [20, 21]。そして、スーパージャンクションという言葉とともに、その動作理論が論文発表された [21, 22]。SJ 構造の構造上の最大の特徴は、比較的高濃度 n−と p−ストライプ層が交互に配置されている点である。これにより低ドレイン電圧印加状態でもこれら n−/p−ストライプ層が完全に空乏化する。図 2.25 に SJ-MOSFET の断面図ならびに空乏層の拡がりと電界分布を示す。SJ-MOSFET はドレイン電極に順方向電圧が印加されると、縦方向だけでなく各 n/p ストライプ層の接合から横方向にも空乏層が拡がる。その結果、各ストライプ層からの空乏層がつながり、ドリフト層は完全空乏化となるのである。そのため、ドリフト層は n−ストライプ層のドナーイオン N_D と p−ストライプ層のアクセプタイオン N_A が同時に存在することになり、この N_D と N_A の量が完全に等しければ空乏化しドリフト層の電荷はゼロになる。したがってその電界分布も、ポアソンの方程式から $dE/dx = 0$ となるためドリフト層内の電界の

− 66 −

傾きはゼロとなる。その結果、図 2.13 のプレーナ DMOSFET の場合と異なり電界分布は四角形分布となり、より大きな素子耐圧特性を示すことができるのである。つまり、SJ-MOSFET はドリフト層に n 層だけでなく p ストライプ層が加わる点に特徴があり、素子耐圧は n ならびに p ストライプ層の電荷で決まる。一方ドリフト層抵抗は、電子が n 層のみを導通することから n ストライプ層の不純物濃度 N_D で決まる。つまり耐圧とオン抵抗は異なる要因で決まるのである。これは従来のプレーナ

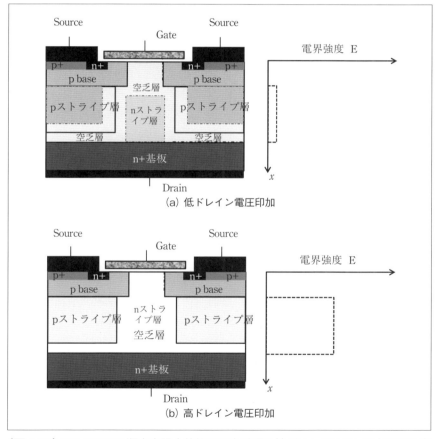

〔図 2.25〕SJ-MOSFET 順方向阻止状態での空乏層の拡がりとドリフト層内電界分布

●第2章　シリコンMOSFET

MOSFET（トレンチMOSFETも同じ）の、耐圧ならびにオン抵抗がn−ドリフト層の濃度（電荷）のみで決まるのに比べ大きく異なる。これがSJ-MOSFETの耐圧とオン抵抗特性を大きく改善できたポイントなのである。上記設計概念は、Charge-coupled concept[10]とも言われている。またこの時のストライプ層の最適な電荷密度 Q_{opt} は以下の式（2.42）で表される。

$$Q_{opt} = 2qN_D w = \varepsilon_{Si} E_c$$ ･･････････････････････ (2.42)

ここで、q は素電荷（$=1.6 \times 10^{-19}$ C）、N_D はnストライプ層の不純物濃度、w はnストライプ層幅、ε_{Si} はシリコンの誘電率を、そして E_c はシリコンの最大電界強度を表す。

SJ-MOSFETの特徴的な構造であるn/pストライプ層部分の抵抗 $R_{ON, sp, n/p}$ は、素子耐圧を V_{BD} とすると以下の式で表される[23]。

$$R_{ON,sp,n/p} = 4W \frac{V_{BD}}{\mu \varepsilon_{Si} E_C^2}$$ ･･････････････････ (2.43)

つまりSJ-MOSFETのドリフト層部の抵抗は、式（2.32）で表される従来のプレーナMOSFETやトレンチMOSFETの場合と異なり、素子耐圧 V_{BD} に比例し、なおかつストライプ層の横方向ピッチを短くすると低オン抵抗化が実現できるのである。このように素子耐圧を高くしても、ドリフト層部の抵抗上昇が大きくなりにくいSJ-MOSFETは耐圧クラス500〜700 Vの高耐圧MOSFETの開発に最適なものとなった。1998年に縦型MOSFETにSJ構造を用いたパワーMOSFETの製品が発表され、現在では数社がSJ-MOSFETの製品化をするまでに成長した。

次に、SJ-MOSFETの縦長n/pストライプ層の作成プロセスについて説明する。n/pストライプ層作成の代表的なプロセスを以下に示す。

i）マルチエピタキシャル法

図2.26に作成プロセスの概要を示す。まず高濃度n+ 基板ウェハを用意し、その上にn−層エピタキシャル層を数 µm〜10 µm成長後、選択

的にpイオンを注入ならびにnイオン注入を行う。これを数回繰り返し、その後熱処理を行うことで熱拡散によってイオン注入したp層ならびにn層が接続しn/pストライプ層を形成する[24]。この方法は、イオン注入法によって不純物濃度を正確に制御できるため安定したn/pストライプ層を形成しやすいのが特徴であり、現在の製品に採用されている。しかしながら、n/pストライプ層の高いアスペクト比の実現にはエピタキ

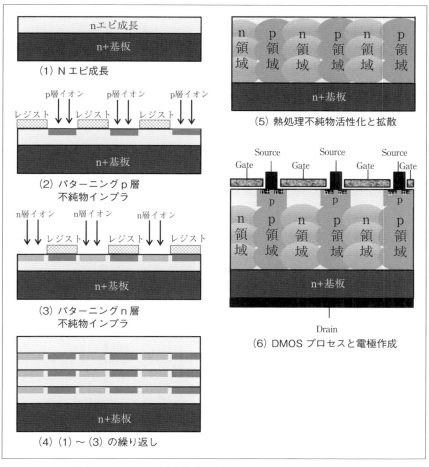

〔図2.26〕SJ-MOSFET素子作成プロセス（マルチエピタキシャル法）

シャル層の回数が増えてしまい工程が長くなる、また熱拡散で n/p ストライプ層を形成するため狭ピッチ化が困難、などの欠点もある。

ii) トレンチ埋め込み法

図 2.27 に作成プロセスの概要を示す。高濃度の n+ 基板上に厚い n-エピタキシャル層を形成したウェハを用意する。設計する素子の耐圧クラスのもよるが、650V 耐圧クラスの場合、およそ 50 μm 厚のエピタキシャル層を成長させる。その後、トレンチエッチングを行いアスペクト比の高いトレンチを形成後、p エピタキシャル層を埋め込む。その後、

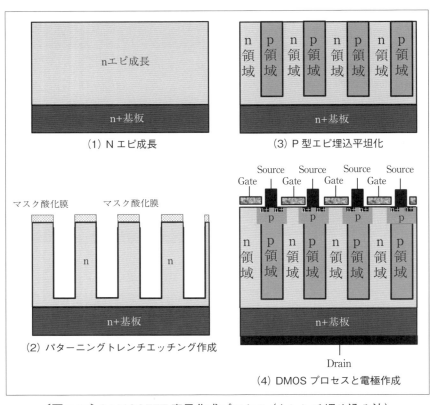

〔図 2.27〕SJ-MOSFET 素子作成プロセス（トレンチ埋め込み法）

CMP（Chemical Mechanical Polishing）法により表面を平坦化し、n/pストライプ層を形成する[25]。この手法は、作成工程が短く、かつn/pストライプ層の狭ピッチ化が可能であるという特徴を有する一方、pエピ層埋め込み時にボイドが発生しやすいなどの欠点もある。

その他、高濃度のn+基板上に厚いn-エピタキシャル層を形成したウェハを用意し、その後深いトレンチを形成。その側壁に気相もしくはイオン注入にてp層を形成する方法[26, 27]や高加速イオン注入法で深いp層を形成する方法[28]がある。このように形成したn/pストライプ層の上に、プレーナゲートやトレンチゲート構造を形成しSJ-MOSFETは完成する。

SJ-MOSFETの高耐圧特性を実現するためには、n/pストライプ層の電荷が等しいということが必要であるが、製造上のバラツキ等により完全にn/pストライプ層の電荷を等しくすることは非常に困難である。この電荷が等しくならないことをチャージバランスが崩れる、もしくはチャージアンバランスが発生すると言う。このチャージアンバランス状態が生じると図2.28に示すようにSJ-MOSFETの耐圧特性は急激に劣化することが知られており[29]、その製品化に大きな妨げとなった。そこでチャージバランスが崩れた状況においても耐圧の低減を抑える設計法が発

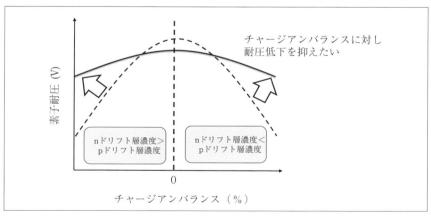

〔図2.28〕SJ-MOSFET チャージアンバランスによる耐圧低下

表された [30]。図 2.29 に示すように、n/p ストライプ層の不純物濃度をあらかじめ高めに設定し、かつ深さ方向に勾配を付けておくことにより、チャージバランスが崩れた場合においても、高電圧印加時の素子内電界分布が改善され、低オン抵抗を維持したまま素子耐圧の劣化を抑えるというものである。

以上に示す素子作製プロセス法ならびに設計法の進歩により最新の SJ-MOSFET の進歩は目覚ましく、素子定格電圧 600 V の MOSFET で特性オン抵抗 8 mΩcm^2 が達成できたとの報告もあり [31]、SJ-MOSFET は

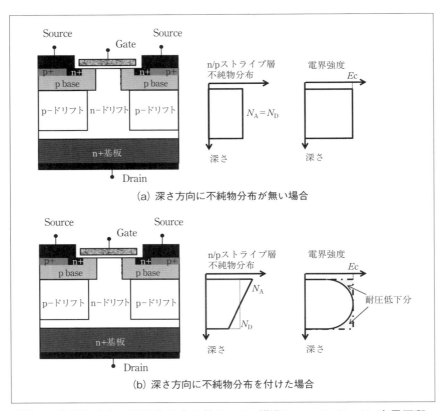

〔図 2.29〕深さ方向に不純物分布を付けた SJ 構造におけるドレイン高電圧印加の際のチャージアンバランス発生時の電界分布

高耐圧 MOSFET の代表的なデバイスとして今後ますます進展をしていくと思われる。

2.2.11　MOSFET 内蔵ダイオード

これまでに説明してきたプレーナ MOSFET やトレンチ MOSFET、さらに SJ-MOSFET において、ドレイン電極に負の電圧を印加すると p ベース層と n−ドリフト層が順方向にバイアスされドレイン—ソース間に電流が流れる。図 2.30 に示すように、ゲート電圧をゼロボルトもしくは負電圧の状態でドレイン電極にマイナス方向に電圧を加えおよそ −0.7V 以上の電圧が印加されると電流が流れる。この電流は図 2.31 に示すように内蔵されている pn ダイオードが順方向にバイアスされることによって流れる電流である。この内蔵 pn ダイオードは第 1 章で述べたように負荷としてモータが接続される（誘導型負荷）電圧型インバータにおいて、FWD として動作する。そのためこの内蔵ダイオードに要

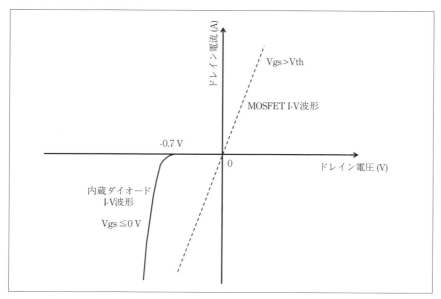

〔図 2.30〕MOSFET 内の内蔵ダイオードの電流・電圧特性

− 73 −

求される特性は、電流導通時の抵抗が低いことと逆回復時の損失が低いことになる。MOSFETはユニポーラデバイスであるが、上記内蔵pnダイオードは電流導通時にpベース層からn−ドリフト層へ正孔が注入されるバイポーラ動作になるため、電流導通時の抵抗は低くなる。しかしながら注入された正孔ならびに電子を掃き出す必要があるため逆回復電流が大きくなり、その結果逆回復損失は大きくなる傾向にある。特にこの逆回復損失低減を目的として、MOSFETに電子線を照射しわざと半導体デバイス内に欠陥を生成させて電子と正孔の再結合を促進させる方法も提案されている[32, 33]。ただしこの手法は、内蔵pnダイオードのオン抵抗を増大させることもわかっており、オン抵抗と逆回復特性のトレードオフ特性内で最適な設計がなされている。また、MOSFETを電圧型インバータに適用した際、この内蔵ダイオードの逆回復動作時に素子が破壊することがある。これは内蔵ダイオードが逆回復する際に発生するドレインサージ電圧によるものであり、これは逆回復時に発生する電流の急激な減少に伴う大きなdIr/dtと、インバータ回路内の浮遊のインダクタンスL_{stray}の積$L_{stray} \times dIr/dt$によってもたらされる。したがってこのサージ電圧の低減も内蔵pnダイオードにとっては達成しなくては

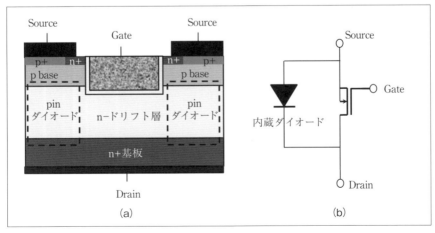

〔図2.31〕(a) トレンチMOSFET内の内蔵ダイオードの配置と (b) 等価回路図

ならない特性となる。これら内蔵ダイオードの 3 特性を同時に改善する手法として、pn ダイオードではなく、ユニポーラデバイスであるショットキーバリアダイオード（SBD）を内蔵した MOSFET も提案されている [34]。しかしながら、500～700 V クラスの高耐圧 MOSFET において、この構造はダイオードの電流導通時の抵抗が極めて大きくなってしまうためあまり効果的ではないようである。また SJ-MOSFET は、その pn 内蔵ダイオードの逆回復特性は、逆回復時の逆方向電流が大きく、かつ大きな dIr/dt を伴うことから、電圧駆動型インバータへの適用例はほとんどない。しかしながら、この欠点を補い補助回路とともに SJ-MOSFET を適用することで、この課題に取り組んでいる例もある [35]。

2.2.12 周辺耐圧構造

2.2.7 節でも述べたように、パワー MOSFET の順方向阻止状態において、ドレイン・ソース間に大きな電圧が加わり半導体内部の電界がある一定値以上になると、アバランシェ降伏現象が発生しこれ以上素子には大きな電圧が加わらない。この電圧値のことを耐圧と呼ぶことはすでに解説した。実際のパワー MOSFET の表面写真を図 2.32 に示す。この図からわかるように、パワー MOSFET の表面には制御信号を印加するゲート電極、ならびにソース電極があり、このソース電極と、この写真に現れないが裏面のドレイン電極間に電流が流れる。この電流が流れる領域のことを、活性領域と呼ぶ。この活性領域とゲート電極を取り囲むように、素子周辺部にリング状に領域が存在する。この部分を周辺耐圧構造と呼び、電流は流れずただ単にソース・ドレイン間に印加された高電圧を保持する領域が存在するのである。図 2.32 はパワー MOSFET の例であるが、IGBT でもダイオードでも同様に周辺耐圧構造が素子内に作りこまれている。

この周辺耐圧構造がなぜパワーデバイスに必要かについて解説する。図 2.33 は、仮に周辺耐圧構造が無く、パワー MOSFET 素子全体に図 2.1 に示す単位セルがびっしりと詰まった素子を想定した場合の素子端部の断面、ならびに順方向阻止状態における空乏層の拡がりを想定した図で

●第2章 シリコンMOSFET

ある。本来であればこの設計の方が電流を流すことのできるセル数を多く配置できるので、パワーMOSFETとしては大電流が流せることが可

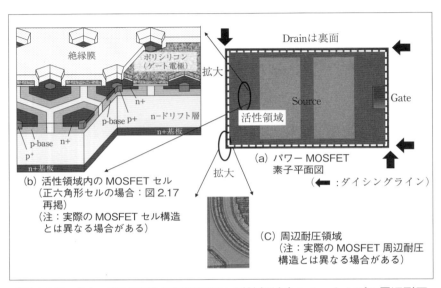

〔図2.32〕パワーMOSFET素子平面図と活性領域内セル、ならびに周辺耐圧領域の配置例

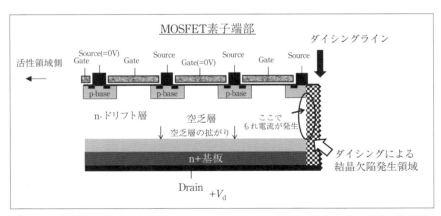

〔図2.33〕周辺耐圧領域が無いパワーMOSFET素子の順方向素子耐圧印加時の空乏層の拡がり

- 76 -

能となり有利である。パワー MOSFET はシリコンウェハ内に作りこまれ、ウェハプロセスが終了すると、ダイシング工程というシリコンウェハから専用の「のこぎり」を使って4角形の素子をウェハから切り出す。このダイシング工程の際に、切り出した素子の切断面近傍に多くの結晶欠陥が発生する。このような状況で、仮に MOSFET が順方向阻止状態になると、空乏層が図 2.33 に示すようにソース電極側からドレイン電極側に拡がることになるが、その際に上記結晶欠陥部を覆うように拡がる。結晶欠陥のあるところに空乏層が拡がると、結晶欠陥を起点にもれ電流が発生することが半導体の理論では知られており [36]、そのため順方向阻止状態では電流が流れてほしくないにもかかわらず、多量のもれ電流が流れてしまい、発生損失が大きくなる。さらにこの多量のもれ電流により、素子が破壊する可能性もある。これを防ぐためには、ダイシング工程で発生した素子端部の結晶欠陥部に空乏層が到達しないように設計すればよく、そのため図 2.34 のように、電流が流れる活性領域のセルと素子端部との間に MOSFET セルを配置しないことで、空乏層が結晶欠陥領域に拡がらないよう一定の距離を置く必要がある。そうすれ

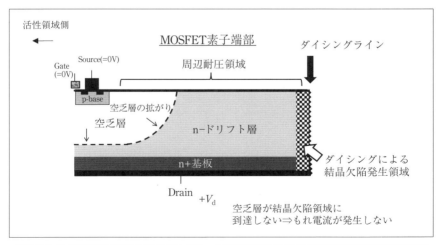

〔図 2.34〕周辺耐圧領域があるパワー MOSFET 素子の順方向素子耐圧印加時の空乏層の拡がり

ば、順方向阻止状態においても、空乏層は素子端部の結晶欠陥域には到達せず、前述のようなもれ電流発生の問題は無くなる。このパワーMOSFETのセルが多数配置されている活性領域の端と素子端部の間の領域は、順方向阻止状態において素子耐圧のみを負担する領域とも言え、この領域のことを周辺耐圧領域と呼ぶ。

　この周辺耐圧構造だが、ただMOSFETセルをつくらない領域を設ければいい、というわけではない。図2.35に示すようにMOSFETやIGBTなどの実際のデバイス周辺耐圧領域は、通常Si上に保護膜として熱酸化プロセスを用いて酸化膜SiO_2を設けている。熱酸化プロセスでSiO_2を形成するとSiとSiO_2の界面には正電荷が帯電することが知られている[10]。この状況で、裏面ドレイン電極に正の高電圧が印加されると（順方向阻止状態）、まずn−ドリフト層が空乏化し正のドナーイオンN_Dが発生する。ここでSi/SiO_2界面においてはn−ドリフト層のドナーイオンN_Dに加え上記界面の正電荷が加わるため、等価的に正の電荷が多くなる。その結果、図に示したように、Si/SiO_2界面、つまり周辺耐圧領域の表面部の空乏層の横方向の拡がりが抑えられ、その結果Si/SiO_2界面の電界強度が上昇し、素子耐圧が劣化することになる。この素子表

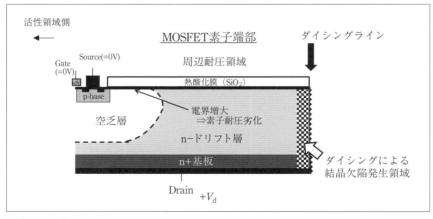

〔図2.35〕パワーMOSFET素子の順方向素子耐圧印加時の空乏層の拡がり
　　　　（Si/SiO_2界面に正電荷がある場合）

面での耐圧劣化を防止するため、パワー MOSFET や IGBT では周辺耐圧領域にガードリング構造やフィールドプレート構造、さらには JTE (Junction Termination Extension) 構造を設け、特に Si/SiO$_2$ 界面近傍での横方向への空乏層を広げるような設計を施している。図 2.32 の素子平面写真からもわかるように、たとえば周辺耐圧領域に設けた前記 p 層は素子を上から見ると素子周辺部にリング状に配置されるので、このガードリングというネーミングになったと言われる。以下ガードリング構造とフィールドプレート構造を例に説明する。図 2.36 に周辺耐圧領域のガードリング構造の断面構造例を示す。この構造は、電気的に浮かせた p 層を、活性領域内の p ベース層作成と同時に図のように配置する。つまり、ガードリング構造の p 層のための特別なプロセスを施す必要が無いことになる。ドレイン電極に正の高電圧が印加されると、図に示すように電位的に浮いた p 層の左端に空乏層が到達すると、p 層内は同電位なので、次の瞬間、空乏層は p 層の右端まで拡がることとなり、空乏層の拡がりが促進されることになる。ここで素子端部（ダイシングライン）にチャネルストッパ層とよばれる n+ 層を設けることがある。これは何らかの原因で Si/SiO$_2$ 界面近傍の空乏層が横方向に大きく拡がりすぎて

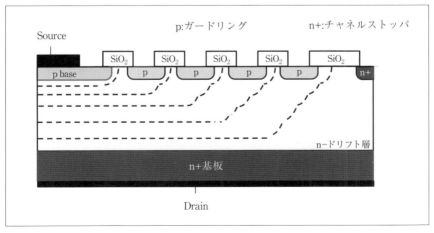

〔図 2.36〕ガードリング構造断面図

しまい、前記ダイシング工程で発生した結晶欠陥が多く存在する領域にまで到達するのを防ぐため、空乏層の拡がりをストップさせるのを目的に設けている層である。

またフィールドプレート構造も周辺耐圧領域の設計として頻繁に適用される構造である。図2.37に断面構造を示す。パワーMOSFET活性領域端のソース電極を、保護膜として成膜したSiO_2膜上にひさしのように張り出させることで、順方向阻止状態において、空乏層を横方向に拡げ界面近傍の電界強度を弱めようとするものである。この図では、活性領域端でのフィールドプレートの効果を示したが、前述のp層ガードリング構造の上部にフィールドプレートとして金属層を設けることで横方向の空乏層をさらに拡げることも可能である。

このように、Si/SiO_2界面電荷の存在に起因する電界強度の増大への対策が、ガードリング構造やフィールドプレート、さらにはJTE構造の主たる目的となる。MOSFETやIGBT素子全体の最適設計を考えた時、この周辺耐圧領域は電流を流さない領域であるので、素子のコスト低減のためにはできるだけ小さくする必要がある。しかしながら、横方向の

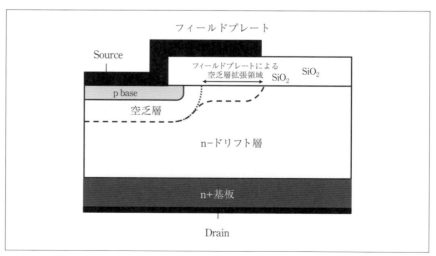

〔図2.37〕フィールドプレートを設けた周辺耐圧領域断面図

空乏層を積極的に拡げることで耐圧低下を防がなくてはならず、いかに小さい周辺耐圧領域で長期信頼性を含めた素子耐圧特性を確保するかが、パワーデバイス設計の重要なポイントとなる。

参考文献

[1] 株式会社富士経済　マーケット情報、「低消費電力・高効率化の実現に向け量産化の動きが本格化している次世代パワー半導体の世界市場を調査」、https://www.fuji-keizai.co.jp/market/（2018 年 3 月 9 日）

[2] T. Fujihira, "Theory of semiconductor superjunction devices," Japanese Journal of Applied Physics, vol. 36, no. 10, 1997, pp. 6254–6262.

[3] G. Deboy, M. März, J.-P. Stengl, H. Strack, J. Tihanyi, and H. Weber, "A new generation of high voltage MOSFETs breaks the limit line of silicon," in IEEE IEDM Tech. Dig., Dec. 1998, pp. 683–685.

[4] Infineon CoolMOSTM P7、https://www.infineon.com/cms/jp/product/power/mosfet/（2019 年 2 月 25 日）

[5] 東芝デバイス＆ストレージ株式会社 400V-900V MOSFET, https://toshiba.semicon-storage.com/jp/product/mosfet/（2019 年 2 月 25 日）

[6] 山上倖三、赤桐行昌、「トランジスタ」、特公昭 47-21739、1972 年 6 月 19 日．

[7] H.W. Becke and C. F. Wheatley, Jr., "Power MOSFET with an anode region," U.S. Patent　4364073, Dec. 14, 1982.

[8] 川畑潤也、百瀬文彦、小野澤勇一、「第 7 世代「X シリーズ」IGBT モジュール」、富士電機技報 , vol.88, no.4, 2015, pp.254-258.

[9] K. Satoh, T. Iwagami, H. Kawafuji, S. Shirakawa, M. Honsberg, and E. Thal, "A new 3A/600V transfer mold IPM with RC (Reverse Conducting) –IGBT," in Proc. PCIM Europe, May 2006, pp. 73-78.

[10] B.J. Baliga, Fundamentals of Power Semiconductor Devices, Springer, New York, 2008.

[11] L. Lorentz and M. März, "CoolMOS^{TM} - A new approach towards high efficiency power supplies," in Proc. PCIM Europe, May 1999, pp. 25–33.

[12] A. Lidow and T. Herman, "Process for manufacture of high power MOSFET with literally distributed high carrier density beneath the gate oxide," U. S. Patent, No.4593302, Jun. 3, 1986.

[13] B.J. Baliga, "Power semiconductor device figure of merit for high-frequency application," IEEE Electron Device Lett., vol.10, no.10, 1989, pp.455-457.

[14] B.J. Baliga, Advanced Power MOSFET Concepts, Springer, New York, 2010.

[15] D. Ueda, H. Takagi, and G. Kano, "A new vertical power MOSFET structure with extremely reduced on-resistance," IEEE Trans. Electron Devices, vol. 32, no. 1, 1985, pp. 2–6.

[16] M.A. Gajda, S.W. Hodgkiss, L.A. Mounfield, N.T. Irwin, G.E.J. Koops, and R. van Dalen, "Industrialisation of Resurf Stepped Oxide Technology for Power Transistors," in Proc. Int. Symp. Power Semiconductor Device ICs, Jun. 2006, pp. 109-112.

[17] J. A. Appels and H. M. J. Vaes, "High voltage thin layer devices (RESURF devices)," in IEEE IEDM Tech., Dig., Dec.1979, pp.228-241.

[18] C. Park, S. Havanur, A. Shibib, and K. Terrill, "60V Rating Split Gate Trench MOSFETs Having Best-in-Class Specific Resistance and Figure-of-Merit," in Proc. Int. Symp. Power Semiconductor Device ICs, Jun. 2016, pp. 387-391.

[19] T. Kobayashi, H. Abe, Y. Niimura, T. Yamada, A. Kurosaki, T. Hosen, and T. Fujihira, "High-voltage power MOSFETs reached almost the silicon limit," in Proc. Int. Symp. Power Semiconductor Device ICs, Jun. 2001, pp. 435-438.

[20] D. J. Coe, "High voltage semiconductor devices," European Patent 0053854, Jun. 16, 1982.

[21] D. J. Coe, "High voltage semiconductor device," U.S. Patent 4754310, Jun. 28, 1988.

[22] T. Fujihira and Y. Miyasaka, "Simulated superior performances of semiconductor superjunction devices," in Proc. Int. Symp. Power

Semiconductor Device ICs, May 1998, pp. 423–426.

[23] F. Udrea, G. Deboy, and T. Fujihira, " Superjunction power devices, history, development, and future prospects," IEEE Trans. Electron Devices, vol.64, no.3, 2017, pp.713-727.

[24] Y.Onishi, S. Iwamoto, T. Sato, T. Nagaoka. K. Ueno, and T. Fujihira, "24m Ω cm2 680 V silicon superjunction MOSFET," in Proc. Int. Symp. Power Semiconductor Device ICs, May 2002, pp. 241–244.

[25] J. Sakakibara, Y. Noda, and T. Shibata, "600 V-class super junction MOSFET with high aspect ratio p/n columns structure," in Proc. Int. Symp. Power Semiconductor Device ICs, May 2008, pp. 299–302.

[26] R. van Dalen and C. Rochefort, "Electrical characterization of vertical vapor phase doped （VPD） RESURF MOSFET," in Proc. Int. Symp. Power Semiconductor Device ICs, May 2004, pp. 451–454.

[27] T. Nitta, T. Minato, M. Yano, A. Uenishi, M. Harada, and S. Hine, "Experimental results and simulation analysis of 250 V super trench power MOSFET （STM） ," in Proc. Int. Symp. Power Semiconductor Device ICs, May 2000, pp. 77–80.

[28] Y.Miura, H. Ninomiya, and K. Kobayashi, "High performance superjunction UMOSFETs with split p-columns fabricated by multi-ion implantations," in Proc. Int. Symp. Power Semiconductor Device ICs, May 2005, pp. 39-42.

[29] P.M.Shenoy, A. Bhalla, and G. M. Dolny, "Analysis of the effect of charge imbalance on the static and dynamic characteristics of the super junction MOSFET," in Proc. Int. Symp. Power Semiconductor Device ICs, May 1999, pp. 99-102.

[30] W. Saito, "Theoretical limits of superjunction considering with charge imbalance margin," in Proc. Int. Symp. Power Semiconductor Device ICs, May 2015, pp. 125-128.

[31] G. Deboy, "Si, SiC and GaN power devices: An unbiased view on key performance indicators," in IEEE IEDM Tech., Dig., Dec. 2016, pp.532-535.

[32] B.J. Baliga and J.P Walden, "Improving the Reverse Recovery of Power MOSFET Integral Diodes by Electron Irradiation," Solid State Electronics, Vol. 26, pp. 1133–1141, 1983.

[33] M. Schmitt, H.-J. Schulze, A. Schlogl, A. Vosseburger, A. Willmeroth, G. Deboy, G. Wachutka, "A Comparison of Electron, Proton and Helium Ion Irradiation for the Optimization of the CoolMOS Body Diode," in Proc. Int. Symp. Power Semiconductor Device ICs, Jun. 2002, pp.229-232.

[34] K. Shenai and B.J. Baliga, "Monolithically Integrated Power MOSFET and Schottky Diode with Improved Reverse Recovery Characteristics," IEEE Trans. Electron Devices, vol. 37, no.4, 1990, pp. 1167–1169.

[35] 餅川宏, 津田純一, 児山裕史, "住宅向け太陽光発電用パワーコンディショナに適した高効率インバータ回路方式", 東芝レビュー, vol.67, no.1, 2012, pp.26-29.

[36] S. M. Sze, "Physics of Semiconductor Devices," John Wiley & Sons, New York, 1981.

第3章
シリコンIGBT

3．1　はじめに

　前章で述べたパワー MOSFET と第 3 章で解説する IGBT の断面構造を比較してほしい（図 2.1 と図 3.1 参照）。一見するとその構造はほとんど同じである。唯一の違いはシリコン基板の導電型がパワー MOSFET は n 型であるのに対し IGBT は p 型である点だけである。これは IGBT が普及する上で非常に幸運なことであった。パワー MOSFET は IGBT 誕生の数年前から開発・製造されており、その駆動電力が小さいことによる使いやすさ、さらには高速スイッチングを有するという特徴からその市場を拡大していた。しかしながら、耐圧 500 V クラス以上の中・高耐圧用途になると、n−ドリフト層を厚くしなければならないためそのオン抵抗が大きくなるという欠点が顕在化していた。そこに MOSFET と同様の簡便な駆動回路が使え、かつ基板を p 型にすることによって、バイポーラ動作を活用した低オン抵抗の IGBT が出てきたのである。これはデバイスの使い手であるパワーエレクトロニクス技術者だけでなく、作り手であるパワーデバイス技術者にもメリットがあった。つまり IGBT を製造する際に投入するシリコンウェハの基板の極性を、単に n 型から p 型に置き換えるだけで、従来の MOSFET 製造ラインに新規投資をほとんどせず、低オン抵抗という特徴を有する新型デバイスの IGBT がたちどころにできる、ということを意味しているからである。

　このようにして、低オン抵抗で素子が壊れにくく、駆動電力が小さくて済み、かつ MOSFET 製造装置に対し新規設備投資がほとんどいらないという特徴を持った IGBT が誕生したのである。発売当初の IGBT は、そのオン抵抗がバイポーラトランジスタよりも高かったため大きな普及はみられなかったが、IGBT にとっての「よき先輩」である MOSFET の特性改善技術を踏襲、具体的には表面セルの微細化、特に p ベース層の微細化によってオン抵抗が劇的に低減し、600V クラスでは 1990 年代前半にダーリントン型バイポーラトランジスタのオン抵抗を凌駕するに至ったのである。こうして IGBT は 600 V ～ 1200 V クラスで大きく普及し、パワーデバイスの主役の座を勝ち得たのである。本章では、シリコン IGBT について述べることとする。

－ 87 －

3.2 基本セル構造

図3.1にIGBTの断面図とその等価回路を示す。前章で述べたMOSFETの断面構造（図2.1参照）とほとんど同じであり、違いは底面の基板の導電型がIGBTの場合はp型になっている点だけである。IGBTもパワーMOSFETと同様、もしくはそれ以上に大電流を流しかつ高電圧印加に耐えなければならないので、エミッタ電極とコレクタ電極が半導体を挟んで縦に配置されており、酸化膜で絶縁されたゲート構造を持ったトランジスタ構造を有する。開発初期のIGBTは高濃度のp型不純物濃度を有する基板上にn型のエピタキシャル成長層を有したシリコンウェハを用いて作成された。基板の不純物濃度はおおよそ 1.0×10^{20} cm^{-3} の高濃度・低抵抗で、厚さは350 µm以上と厚い。その上に形成するn型エピタキシャル層は、設計するIGBTの耐圧によりその濃度、厚さは大きく異なる。たとえば1200 VクラスのIGBTの場合、その濃度は6.0～8.0×10^{13} cm^{-3} 程度で厚さは約100 µmといったところであろう。次にこのn型エピタキシャル層内に、イオン注入と熱処理を施すことによりn+エミッタ層（ソース層）ならびにpベース層を形成する。この時、前述の自己整合プロセス（セルフアラインプロセス）を用い、ゲート酸化膜ならびにゲートポリシリコン層を形成後、ゲートポリシリコン層を

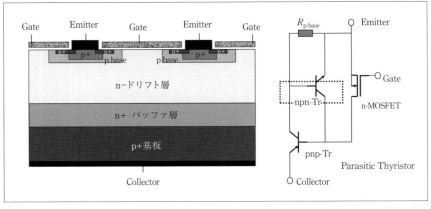

〔図3.1〕IGBT断面構造図（パンチスルー（PT）構造）と等価回路

マスクとして利用し n+ エミッタ層（ソース層）ならびに p ベース層を形成する。その後は前章で述べた DMOSFET と同様のプロセスを経て IGBT は完成する。断面構造ならびにその作成プロセスの比較からもわかるように、IGBT は MOSFET と共通点が多いため IGBT の製品化のハードルは低かったといえる。しかしながらその素子動作は大きく異なる。

● 第3章　シリコンIGBT

3.3　IGBT の誕生

　1980 年代初め、高耐圧、大電流を扱える自己制御型のパワーデバイスといえば GTO サイリスタやバイポーラトランジスタが主流であった。特にバイポーラトランジスタは、当時としては比較的広い安全動作領域を持ち、かつ大きな負荷短絡耐量を有していたことから、電圧型インバータ回路を中心に各種パワエレ回路に適用されていた。一方、低耐圧、小容量用途に前章で述べた MOSFET が適用されるようになると、その性能の高さや使いやすさから、高耐圧、大電流用途でも MOSFET 並の使いやすさを示しつつ、低オン抵抗特性を示すパワーデバイスへの要望が大きくなってきた。このような背景から誕生したのが、MOSFET とバイポーラトランジスタがカスケード接続した構造を持ち、電圧駆動型でノーマリーオフ特性を示し、なおかつ電流飽和特性を示す低オン電圧特性を有した IGBT なのである。最初に IGBT 構造が世に出たのは、1968 年に出願され 1972 年に成立した特許においてである [1]。その後 1970 年代末から 80 年代初めにかけていくつかの研究グループが、学術論文や特許を通して発表した。Scharf ならびに Plummer らは横型 MOS ゲートサイリスタ構造を用いて、サイリスタがラッチアップする前にトランジスタ動作をすることを示し [2]、また B.J. Baliga は縦型 MOS ゲートサイリスタ構造を用いて、低 V_{ge} 条件において電流飽和特性を示すことを実験的に表した [3]。これは、MOS ゲートサイリスタ構造でありながら低 V_{ge} 条件下ではトランジスタ動作をしていることを意味している。さらに J.D. Plummer も横型 MOS サイリスタがトランジスタ動作することのメカニズムについて解説した [4]。そして H.W. Becke らが、いかなる動作条件においてもラッチアップせず pnp トランジスタ動作するという条件の MOS ゲートデバイスの特許出願し、1982 年に成立した [5]。そしてこの特許をもとに、J.P. Russel らは新型 MOSFET として "COMFET（COnductivity-Modulated FET）" を 1983 年に論文発表した [6]。また、B.J. Baliga は、IGR（Insulated Gate Rectifier）の試作評価結果を 1982 年に論文発表した。その断面構造を図 3.2 に示す。この論文によると、IGR 内の寄生サイリスタをラッチアップさせないように動作させることが示

されている [7]。そして 1983 年に、アメリカの General Electric 社は
IGBT 製品 "power-MOS IGBT D94FQ4, R4" をリリースした [8, 9]。しかし
ながら、当時発表のこれら素子は寄生サイリスタのラッチアップ耐量が
低く実使用上問題があった。そして 1984 年、中川らが発表したノンラ
ッチアップ構造によりラッチアップ耐量が大幅に向上することとなった
[10, 11]。ノンラッチアップ構造は、図 3.3 に示すように高濃度 p+ 層を
n+ エミッタ層の下に設け、なおかつ n+ エミッタ層を奥行き方向にセ
ル上に配置したところに特徴を有し、これにより現在の IGBT の原型が
出来上がった。

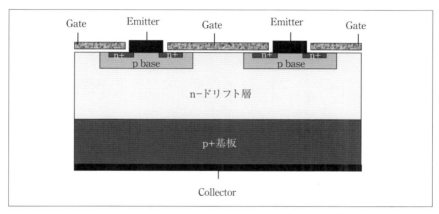

〔図 3.2〕Insulated gate rectifier (IGR) の断面図

●第3章 シリコンIGBT

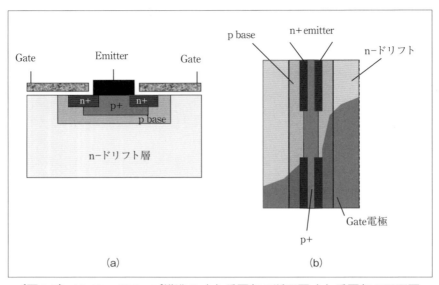

〔図 3.3〕ノンラッチアップ構造の（a）重要部の断面図（b）重要部の平面図
高濃度 p+ 層と、奥行き方向に部分的に配置した n+ エミッタ層

3.4 電流―電圧特性

　IGBT の電流―電圧特性を図 3.4 に示す。ゲート電極とエミッタ電極をショートした状態（$V_{ge} = 0\,\mathrm{V}$）でコレクタ電極に正の電圧を印加しても電流は流れない。これは前章の MOSFET と同様、反転層が形成されていないためエミッタ電極から n+ エミッタ層を通して電子が流れないためであり、いわゆる順方向阻止状態となっているためである。そしてそのまま、コレクタ電極に印加する正の電圧を大きくすると、ある電圧に達した時点で急激に電流が流れそれ以上の高い電圧を印加できなくなる。このコレクタ電圧を素子耐圧といい、半導体内部で生じたアバランシェ降伏現象によって電流が急激に流れるのである。たとえば、素子定格電圧 1200 V の IGBT の場合、このアバランシェ降伏で決まる素子耐圧が 1200 V を少し超えた値を示すように設計されている。次にゲート

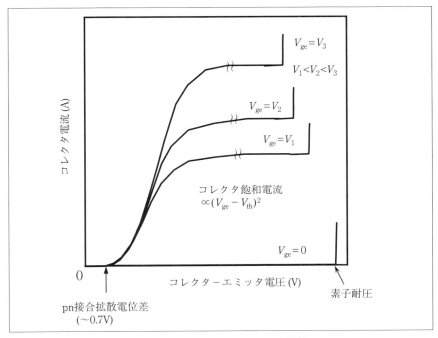

〔図 3.4〕IGBT の電流―電圧特性

❋ 第3章　シリコンIGBT

電極に正の電圧印加した場合を考える。IGBTはゲート電極にしきい値 V_{th} より大きな電圧を印加すると、反転層を形成してエミッタ電極から電子が導通するようになる。図3.4に示すように、ゲート電圧 V_{ge} が $V_{ge} > V_{th}$ の状態で、コレクタ電極に正の電圧を印加すると電流は導通する。一般的にIGBTのゲートしきい値電圧 V_{th} は、室温（25℃）でMOSFETよりやや高めの4.0 V～6.0 Vに設定されている。IGBTには通常、安全に使用できる電流である定格電流が設定されており、その電流を流すのに必要なコレクタ―エミッタ電圧を「オン電圧」と呼ぶ。これはパワーMOSFETでいうところの「オン抵抗」と同じで、オン電圧の低いIGBTが望ましいといえる。

　$V_{ge} > V_{th}$ の状態でコレクタ電極に正の電圧を印加すると、まず電子がエミッタ電極ならびにn+エミッタ層からMOSFET部に形成された反転層を通ってn-ドリフト層に流れ込んでくる。そしてこの電子はコレクタ電極に印加された正の電圧に引き寄せられコレクタ電極に向かって流れてくる。この流れ込んだ電子により、n-ドリフト層とコレクタ電極上のp+層で形成されるpn接合が順方向にバイアスされることなり、その結果、正孔がコレクタ電極ならびにp+コレクタ層を介してn-層に注入されるのである。この注入された正孔は、エミッタ電極に向かって流れ、n-ドリフト層からpベース層を通ってエミッタ電極へ抜けていく。つまりIGBTは、前章のパワーMOSFETとは異なり、負電荷を持った電子だけでなく正電荷を持った正孔も流れることとなる。これがIGBTの最大の特徴で、MOSFETは電子のみで電流が流れるのに対し、IGBTは電子と正孔で電流を流すのである。このことから、MOSFETはユニポーラデバイス（Unipolar device :Uni（一つ）-polar（極））と呼ばれるのに対し、IGBTはバイポーラデバイス（Bipolar device: Bi（二つ）-polar（極））と言われるのである。その結果、図3.4に示したIGBTの電流―電圧特性は、MOSFETのそれとは異なる点があることがわかる。それは、IGBTの場合、コレクタ―エミッタ電圧がおよそ0.7 Vになるまで電流がほとんど流れず、その後さらにコレクタ―エミッタ電圧を増加させると電流が急激に流れるという点である。シリコンのpn接合間に存在す

る拡散電位差（Built-in potential）は不純物濃度や温度によって変化はするが、室温ではおおよそ 0.7 V であり、この拡散電位差以上の電圧をコレクタ電極に印加することで IGBT に電流が流れ始める。その後、コレクタ電極に印加する正の電圧を増加させていくと、p+ コレクタ層から n−ドリフト層に注入される正孔が増加し、それに伴い n+ エミッタ層からの電子も増加、ついには電子・正孔とも n−ドリフト層の不純物濃度 N_D を超え、その結果 n−ドリフト層の抵抗が急減し大電流が流れるようになる。図 3.1 の等価回路にも示したように、IGBT は n チャネル MOSFET とワイドベース pnp トランジスタがカスケード接続した構成となっている。つまり、IGBT は、n チャネル MOSFET からベース電流を供給されたワイドベース pnp トランジスタが動作する素子である、と説明することができる。このように、IGBT はゲート電極にしきい値 V_{th} より高いゲート電圧 V_{ge} を印加することで、パワー MOSFET の特徴であるゲート酸化膜を介した電荷の充放電でオン・オフできるという電圧駆動型素子であること、なおかつ高コレクタ電圧印加時の電流飽和特性を有し、バイポーラ動作により MOSFET よりも大電流を流すことのできる素子であるということができる。

3.5 コレクタ―エミッタ間の耐圧特性

図3.5にIGBTにおいてコレクタ電極に高電圧が印加された状態（順方向阻止状態）における電界分布ならびに空乏層の拡がり方の概略図を示す。これはパワーMOSFETの場合と同様、IGBTのコレクタ―エミッタ間の耐圧特性は、①pベース層とn–ドリフト層で形成されるpn接合の逆バイアス特性もしくは②ゲート電極とn–ドリフト層で構成されるMOSキャパシタンス耐圧によって決まるが、シリコンIGBTの場合は①pベース層とn–ドリフト層で形成されるpn接合の逆バイアス特性で順方向素子耐圧が決まるのが一般的である。一方、コレクタ電極に負の高電圧が印加された状態（逆方向阻止状態）において、n–ドリフト層とp+コレクタ層の逆バイアス素子特性によって、逆方向にも大きな電圧を保持することが可能となる。しかしながら実際に製品となっているIGBTは、図3.1に示したように、n–ドリフト層とp+コレクタ層の間に不純物濃度の高いn+バッファ層を挿入し低オン電圧特性を実現するのが普通である。そのため逆方向阻止状態での高耐圧特性を示す

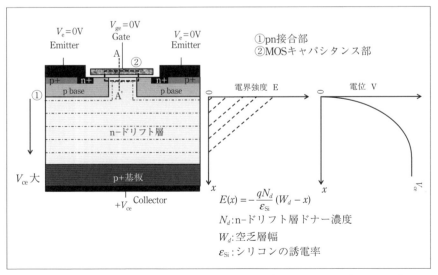

〔図3.5〕IGBT順方向阻止状態での空乏層の拡がりとpn接合電界分布

IGBTはほとんどない。なお、図3.1に示したn+バッファ層を有する構造をパンチスルー構造（punch-through（PT）構造）[12]といい、n+バッファ層の無い構造をノンパンチスルー構造（non-punch-through（NPT）構造）[13]という（図3.6参照）。ここで、図3.5ならびに図3.6で示したノンパンチスルーIGBTの耐圧設計で注意しなければならないことがある。コレクタ電極に正の高電圧が印加されると図3.5に示すようにn−ドリフト層に空乏層が拡がる。もしn−ドリフト層の不純物濃度が低くすぎた場合、もしくは厚さが不十分な場合、n−ドリフト層に拡がった空乏層がp+コレクタ層に到達する、いわゆるパンチスルー（リーチスルー）状態となり、p+コレクタ層から正孔が空乏層中に流れ出す。つまり、pn接合のアバランシェ降伏が生じる前に電流が流れることとなり、それにより素子耐圧を劣化させることになる。そのためノンパンチスルー構造でn−ドリフト層の濃度を高くする、またはn−ドリフト層厚を厚くするか、前述のようにn−ドリフト層とp+コレクタ層の間に空乏層の拡がりストッパーとしての高濃度n+バッファ層を挿入する、つまりパンチスルー構造にする方法により、アバランシェ降伏で素子耐

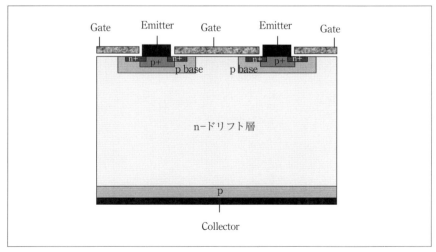

〔図3.6〕ノンパンチスルー（NPT）IGBT断面構造

●第3章　シリコンIGBT

圧が決まるようにする手法がとられる。

3.6 IGBT のスイッチング特性

IGBT は、そのオン動作において n チャネル MOSFET からベース電流を供給されたワイドベース pnp トランジスタが動作する素子である、と説明した。これにより、IGBT はバイポーラ動作をすることで MOSFET に比べ低オン抵抗化が可能となるため、高耐圧素子でも大電流を導通することができるという特徴を有する。図 3.7 はパンチスルー型 IGBT (PT-IGBT) の電流導通状態における素子内電子ならびに正孔密度分布を示した図である。図中には各層の不純物分布も併せて示している。p+ コレクタ層から n−ドリフト層へ正孔注入することにより n−ドリフト層にはその不純物濃度 N_D よりもはるかに多い電子ならびに正孔が存在しており、その濃度は素子の設計条件にもよるが n−ドリフト層不純物濃度 N_D の数百倍以上に達する。これにより大電流を低オン電圧条件で導通することが可能なのである。この電流導通状態の IGBT を電流が流れないオフ状態にするためには、たとえばゲート電極とエミッタ電極をショートさせるなどして、ゲート電圧 V_{ge} をしきい値 V_{th} 以下にまで低減させることが必要である。これにより、p ベース表面に形成されてい

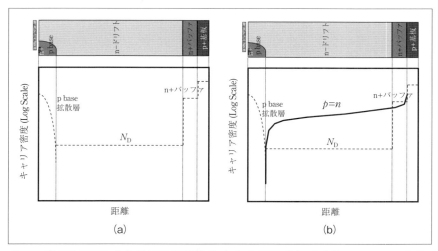

〔図 3.7〕PT-IGBT (a) 各層の不純物分布ならびに (b) ワイドベース pnp トランジスタ部の電流導通時の電子・正孔キャリア分布

● 第3章　シリコンIGBT

た反転層を消滅させ、n+ エミッタ層から n−ドリフト層に供給されていた電子の流れを止める。これが IGBT をオン状態からオフ状態へ遷移させる最初のステップとなる。その後、電流導通状態時に n−ドリフト層内に蓄積された電子ならびに正孔を、コレクタ電極に印加される高電圧によって拡がる空乏層により n−ドリフト層から素子外に掃き出し、さらに電子と正孔を再結合させていち早くそれらを消滅させることが必要となる。つまり IGBT のスイッチング特性は、電流導通時に素子内に蓄積された高濃度電子・正孔をどれだけ早く掃き出すか、または再結合させて消滅させるかで決まると言っても過言ではない。通常、xEV に搭載されているモータ駆動用インバータの場合、IGBT のオンからオフに至るターンオフ時間は 0.5 μsec 以下と極めて速いスイッチング動作が必要とされており、そのため電子・正孔の再結合を促進させるため電子線などを IGBT に照射する必要があった [14]。このように、電子・正孔の再結合を促進させるための電子線照射プロセス等のことを、ライフタイムキラープロセスということがある。このライフタイムキラープロセスを行うと、スイッチング速度は速くなるが、電流導通時のオン電圧は高くなる。つまりスイッチング特性とオン電圧はトレードオフの関係になることがわかる。このトレードオフの関係にあるオン電圧とスイッチング特性をいかに同時に改善していくかが IGBT 開発の本質であり、たとえばパンチスルー IGBT 構造においては、ライフタイムキラープロセスや n+ バッファ層の最適設計をすることでこのトレードオフ特性の改善を図ってきたのである。

　ライフタイムコントロールについて、図 3.8 を使って説明する。シリコンのバンドギャップ内に故意に準位を形成することで、電子と正孔の再結合を促進させる技術のことをライフタイムコントロールと言う。Au（金）や Pt（白金）などの重金属の添加や、前述の電子線やプロトン等の荷電粒子の照射で準位を形成する。n−ドリフト層の厚い高耐圧パワーデバイス特有の技術であり、その機構上バイポーラ動作を行うデバイスにのみ適用される。深い準位（mid-gap に近い準位）に形成された捕獲準位ほど、電子・正孔の再結合が容易に発生し、高速スイッチング

特性が得られる（しかしながら、高オン電圧特性となる）。半面、pn接合に逆バイアスが印加されn−ドリフト層に空乏層が拡がると、この捕獲準位はキャリアジェネレーションレベルとして機能してしまうため、もれ電流が増加する。

次に、xEVのモータ制御用に用いられる誘導負荷回路（図3.9参照）を使って、IGBTのターンオン特性ならびにターンオフ特性について解説する。

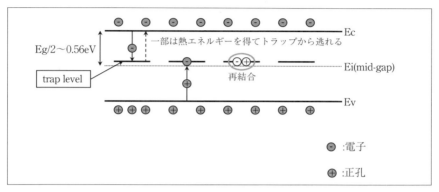

〔図3.8〕捕獲準位（trap level）を介した電子・正孔の再結合現象を表した概念図

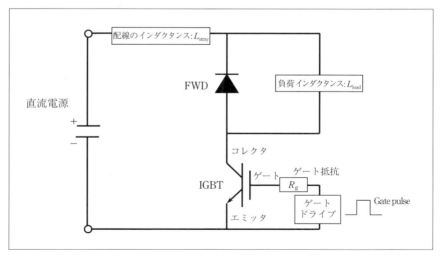

〔図3.9〕IGBTとFWDが接続された誘導負荷回路

a. ターンオン特性

図 3.10 に IGBT の誘導負荷回路におけるスイッチング波形を示す。まず IGBT がターンオンすると、コレクタ電流は急激に上昇し、負荷電流と Free Wheeling Diode（FWD）の逆回復電流の和で決まるピーク電流に達するまで電流が流れる。その後、IGBT は導通状態となりほぼ一定のコレクタ電流が導通する。そして、IGBT がターンオフ状態になると、前述のようにコレクタ電流は徐々に減少し、その際素子内に蓄積された電子・正孔の再結合ならびにそれらの掃き出しによって完全にゼロになる。

ターンオン時の電流・電圧波形の詳細を図 3.11 に示す。またその際の素子内電子・正孔分布ならびに電界分布の変化を図 3.12 (1) ～ (3) に示す。なお、この図 3.12 で示されている電子・正孔分布は 2 次元デバイスシミュレーションの結果をもとに描かれものである。IGBT がターンオンする前、FWD に電流が導通している。ここでゲート電極にオン信号としての正の電圧を加えると、ゲート電圧 V_{ge} は IGBT の容量成分とゲート抵抗 R_g によって比較的ゆっくりと上昇する。そして、ゲート

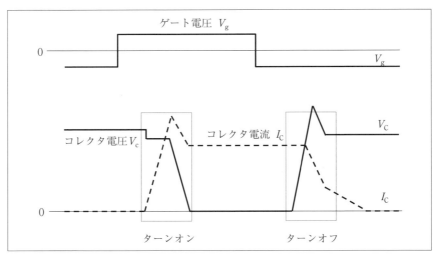

〔図 3.10〕誘導負荷接続時の IGBT スイッチング波形

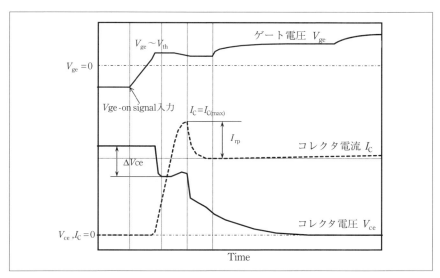

〔図 3.11〕誘導負荷接続時の IGBT ターンオン波形

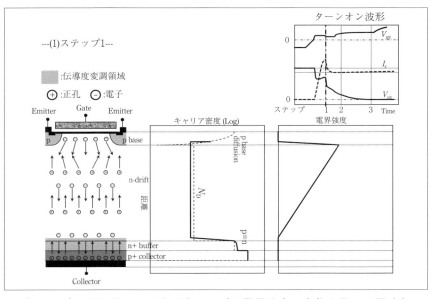

〔図 3.12〕IGBT 電子・正孔分布ならびに電界分布の変化を示した図（1）

※第3章　シリコンIGBT

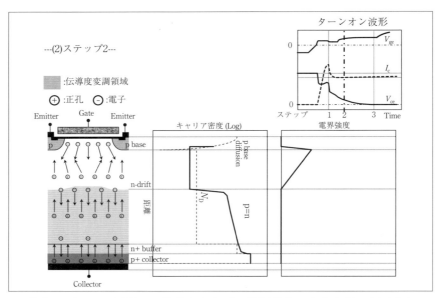

〔図3.12〕IGBT 電子・正孔分布ならびに電界分布の変化を示した図（2）

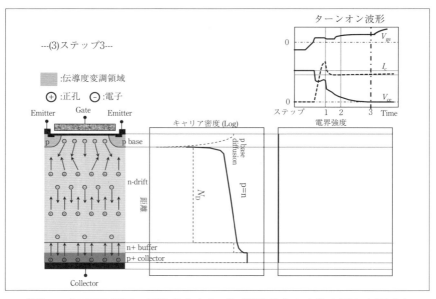

〔図3.12〕IGBT 電子・正孔分布ならびに電界分布の変化を示した図（3）

電圧 V_{ge} がゲートしきい値を超えるようになると、IGBT は動作しはじめコレクタ電流は上昇し始める。これは第 2 章で述べた MOSFET のターンオン時の電流導通時のメカニズムと比較すると、裏面 p+ コレクタ層からの少数キャリア注入の有無以外は同じとなる。この状況において、IGBT には高コレクタ電圧が印加されたままであるため、大電流と高電圧が同時に印加されていることとなる。この時、コレクタ電圧が入力の電源電圧から若干低下していることがわかる（図中 ΔV_{ce}）。これは、ターンオン時のコレクタ電流の dIc/dt と回路の浮遊のインダクタンス L_{stray} の積で決まる分の電圧低下に相当する。そして IGBT のコレクタ電流は負荷電流と FWD の逆回復電流のピーク値の和に相当する電流まで上昇し、その後コレクタ電流は負荷電流まで低下する。これと同時にコレクタ電圧は低下しはじめ、ほぼオン電圧 $V_{ce(sat)}$ の値になるまで低下する。そして、その後はゲート電流が流れ続けるまで（つまりゲート電源電圧－ゲート電極間に電位差があるまで）V_{ge} は上昇し、IGBT のターンオンは完了する。以上のことから、IGBT のターンオン損失を低減するには、高電圧と大電流が同時に流れる期間を短くする、具体的にはターンオン時のコレクタ電圧が減少する時間を短くすること、ならびに FWD の逆回復電流を小さくすることが効果的であることがわかる。コレクタ電圧が減少する時間を短くする手法として、前章の MOSFET のところでも記述したが、IGBT もその帰還容量 C_{rss} を小さく設計することが有効であろう。

b. ターンオフ特性

　ターンオフ時の電流・電圧波形を図 3.13 に示す。またその際の素子内電子・正孔分布の変化ならびに電界分布の変化を図 3.14 に示す。ゲート電極にオフ信号としての負電圧を入力すると、ゲート V_{ge} は IGBT の容量成分とゲート抵抗 R_g によってゆっくりと減少しはじめる。この時コレクタ電流 I_c は、IGBT が誘導負荷に接続されているためゲート電圧減少後でもオン状態の電流値を保ちながら流れ続ける。そしてこのコレクタ電流は、ゲート電圧 V_{ge} がしきい値電圧 V_{th} 以下になっても寄生 pnp トランジスタを動作させて流れ続けようとする。この時、この pnp

トランジスタを動作させるためのベース電流は、もはやMOSFETからは供給されていない。これはゲート電圧V_{ge}がしきい値V_{th}より低くなっていることからもわかる。この時pnpトランジスタ動作を支えるベース電流は、コレクタ電圧V_{ce}の上昇に伴う空乏層の拡がりによってn−ドリフト層からコレクタ電極側に掃き出される電子がベース電流として動作するのである。その後、コレクタ電圧V_{ce}が電源電圧にまで達すると負荷インダクタンスLに並列につながっているダイオードが導通することとなる。その結果、IGBTを流れる電流は急激に減少、そして素子内に蓄積している電子・正孔が再結合をしながら電流はテールを引き徐々に低下し、ついにはゼロになる（テール電流と呼ばれる）。IGBTターンオフ時の発生損失の低減は、高電圧が印加されている期間のテール電流をいかに減らすか、ならびにターンオフ期間をいかに短縮化するかがポイントとなる。

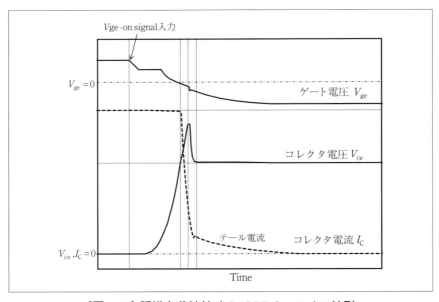

〔図3.13〕誘導負荷接続時のIGBTターンオフ波形

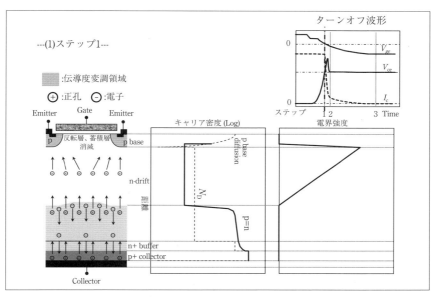

〔図3.14〕IGBT 電子・正孔分布ならびに電界分布の変化を示した図（1）

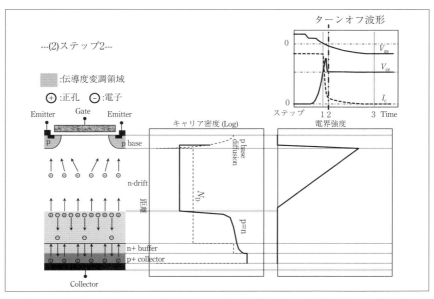

〔図3.14〕IGBT 電子・正孔分布ならびに電界分布の変化を示した図（2）

※第3章　シリコンIGBT

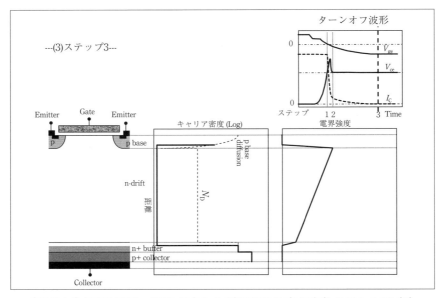

〔図 3.14〕IGBT 電子・正孔分布ならびに電界分布の変化を示した図（3）

３．７　IGBT の破壊耐量（安全動作領域）

　IGBT の特性において、低オン電圧特性、高速スイッチング特性と並んで、その高破壊耐量特性の実現は極めて重要である。特に最近の自動車の電動化の普及に伴い、たとえば自動車走行中の IGBT の破壊は人命にもかかわる重大事象に成りかねない。ここでは、IGBT の破壊耐量について解説する。IGBT が破壊する要因として、3.3 節でも述べたが、大電流が流れた場合に発生する寄生サイリスタのラッチアップがある。また、コレクターエミッタ間に大きな電圧が印加された場合に発生する、アバランシェ降伏現象も IGBT の破壊原因となる。たとえば xEV モータ駆動制御アプケーションにおいて、IGBT がもっとも壊れやすい動作モードとして、大電流と高電圧が同時に印加される期間が存在する IGBT ターンオフ時と負荷短絡時の二つが挙げられる。それぞれについて解説する。

a. IGBTターンオフ時の破壊耐量

　IGBT がターンオフする際に、壊れずに安全にオフできる電圧・電流領域を示した「安全動作領域」が IGBT 製品には示されている。この IGBT ターンオフ時の安全動作領域は「逆バイアス安全動作領域（Reverse Biased Safe Operating Area（RBSOA））と呼ばれる。現在販売されている IGBT のほとんどは、定格電圧範囲内であれば定格電流の最大２倍までターンオフできることを保証しており、その安全動作領域は図 3.15 に示すように、横軸をコレクタ電圧 V_{ce}、縦軸をコレクタ電流に取ると安全動作領域の形は長方形で表される。この RBSOA を評価する際の回路は、モータ負荷を想定した図 3.9 に示す誘導負荷回路が一般的である。しかしながら実際の IGBT 素子の RBSOA の実力はこの長方形よりも大きく設計されている。ターンオフ可能な最大電流はラッチアップしない最大電流で決まり、また印加できる最大電圧はアバランシェ降伏電圧で決まるのである。つまり最大電流は 3.3 節に記したように、素子表面の寄生 npn トランジスタ構造によって決まるためコレクタ電圧 V_{ce} にほとんど依存しない。一方アバランシェ降伏電圧はターンオフするコレクタ電流値に大きく依存する。コレクタ電流がゼロの場合、アバ

● 第3章 シリコンIGBT

ランシェ降伏電圧は、3.5節で述べたコレクタ・エミッタ間耐圧と同一になる。しかしながら、ターンオフ時の電流が増えてくると、図3.14（1）を見てもわかるように、高電圧印加時の空乏層内に正孔が導通することとなる。つまり、コレクタ電流がターンオフする際、空乏層内にはイオン化したドナー N_D に加え、正孔ドリフト電流分の正孔密度 p が存在することとなる。つまり空乏層内の正の電荷が増加し、これは n−ドリフト層のドナー濃度 N_D が高い条件と等価になる。このためコレクタ電圧 V_{ce} が印加された場合の空乏層幅 W_d は、式（2.23）を用いて分母を (N_D+p) に変えた以下のようになる。

$$W_d = \sqrt{\frac{2\varepsilon_{Si}V_{ce}}{q(N_D+p)}} \quad \cdots\cdots\cdots\cdots\cdots\cdots\cdots\cdots\cdots\cdots\cdots\cdots \quad (3.1)$$

ここで、p は空乏層中を流れる正孔濃度、V_{ce} は印加されているコレクタ電圧、N_D は n−ドリフト層のドナー濃度である。つまり電流導通時には正孔濃度 p の分だけ空乏層の伸びが抑えられ、その結果アバランシェ

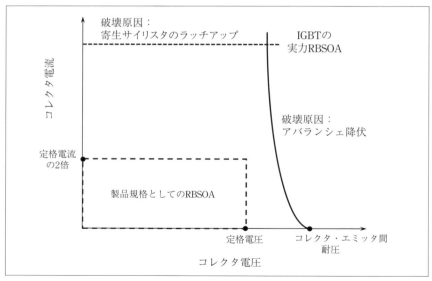

〔図3.15〕IGBTのターンオフ時の安全動作領域（RBSOA）

降伏電圧は低下することになる。以上をまとめると、IGBT素子のRBSOA実力は図3.15のような形となる。実際にはIGBTのターンオフ時に発生する熱による温度上昇分を考慮する必要があるが、最新のIGBTターンオフ時間が長くても〜500 nsec程度であること考慮すると、概ねこの図のような形になると考えてよい。

b. IGBT負荷短絡時の破壊耐量

何らかの原因でIGBTに接続されている負荷が短絡するとIGBTには直流高電圧が一気に印加され、ゲートがオン状態であるため大きなコレクタ電流が一瞬のうちに流れる。IGBTは高コレクタ電圧印加時でも電流飽和特性を有しているので、コレクタ電流はある一定値以下に抑制される。この状況においてIGBTは高電圧・大電流という大きな責務が印加された状態となり、可能な限り短時間でこの責務を除去する必要がある。このように、負荷短絡が発生してからIGBTが破壊することなく安全に電流を遮断するまでの時間を負荷短絡耐量と呼び、現在の製品では概ね10 μsec（@125℃）を保証している。図3.16に負荷短絡耐量の測定回路ならびに典型的な負荷短絡時の電圧電流波形を示す。IGBTの負荷

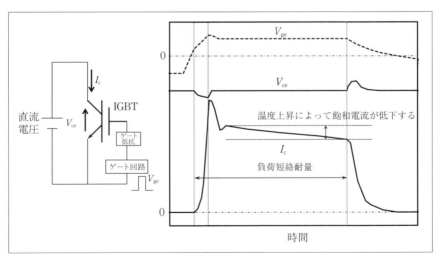

〔図3.16〕IGBT負荷短絡耐量測定回路ならびに電流・電圧波形

短絡時の破壊メカニズムの解析については多くの論文が発表されており[15-17]、詳細な解析がなされている。ここでは IGBT 負荷短絡時の破壊メカニズムについて、図 3.17 を使って説明する。

- ラッチアップ破壊（図中（A））
  寄生サイリスタのラッチアップが原因で破壊するモード。最新の IGBT において、寄生サイリスタのラッチアップ耐量が十分大きく、この期間で破壊することはまずない
- アバランシェ破壊（図中（B））
  負荷短絡時の p コレクタ層からの正孔注入により、コレクタ層側の電界強度が上昇、アバランシェ降伏することに起因する破壊。低注入効率設計の IGBT に見られる破壊モード。
- エネルギー破壊（図中（C））
  負荷短絡時の高電圧・大電流によるエネルギーによって素子内温度が上昇し、最終的には熱暴走で破壊するモード。頻繁に観測される破壊モード。
- ターンオフ破壊（図中（D））
  コレクタ電流がターンオフするによって発生する dI_c/dt と配線の浮

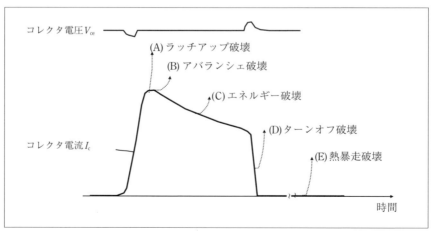

〔図 3.17〕IGBT 負荷短絡時の電流・電圧波形ならびに破壊メカニズム

遊のインダクタンス L_{stray} との積で発生する逆起電力によるアバランシェ降伏によって破壊するモード。ゲート抵抗を大きくしてターンオフ dI_c/dt を小さくすることで回避可能。

・熱暴走破壊（図中（E））

　負荷短絡時のエネルギーによって素子内温度が上昇し、かつターンオフ後に熱拡散によってもれ電流が増大、最終的に熱暴走によって破壊するモード。薄ウェハ IGBT に見られる破壊モード。

　最新の IGBT 素子構造は、高度な設計技術の確立によってラッチアップ破壊、アバランシェ破壊ならびにターンオフ破壊で壊れるものはほとんどない。逆に言うと、エネルギー破壊と熱暴走破壊で壊れるものがほとんどを占める。この二つの破壊モードは高電圧・大電流導通時に生じるエネルギーに起因するため、この破壊耐量を向上させるには、素子内に大電流を流さないようにする、つまりオン電圧を高くすることが必要となる。その結果、IGBT ではオン電圧特性と負荷短絡破壊耐量の間に、トレードオフの関係が成り立ってしまうのである。

3.8 IGBTのセル構造

 図3.1に示したように、IGBTのコレクターエミッタ電極間には寄生サイリスタが存在する。この寄生サイリスタがひとたびラッチアップすると、IGBTはそのゲート制御能力を失い破壊に至ることが知られている。このラッチアップを防止する目的として、図3.3に示した高濃度p+層の導入に代表される構造が提案されIGBTの破壊耐量は飛躍的に向上した。前章のMOSFETにおいて、そのセル設計では、総チャネル幅が大きく取れオン抵抗が低減できるという理由から四角形セルや六角形セルが主流を占めていると述べた。しかしながらIGBTのセル設計の場合、これらMOSFETで適用されているセル設計では寄生npnトランジスタが動作しやすく、上記ラッチアップを容易に生じてしまう恐れがある[18]。これは図3.18に示すように、四角形セルや六角形セルの角にコレクタ電極から流れ込んできた正孔電流が集中しやすくなり、ここを起点にラッチアップが生じやすいためである。そのため、正孔電流が集中しやすくなる箇所を極力排除した、奥行き方向に均一にセルが構成さ

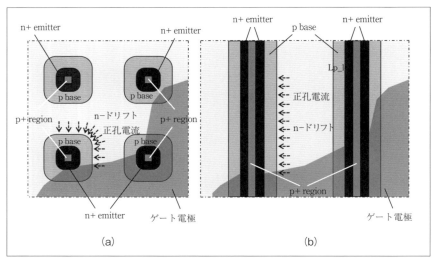

〔図3.18〕セルレイアウトならびに正孔電流の流れを示した図
　　　　（a）四角形セルパターンの場合　（b）ストライプセルの場合

れるストライプ型がIGBTでは多く採用されている。現在製品化されているほとんどのIGBTは、総チャネル幅を大きくしオン電圧の低減をめざした四角形または六角形セルよりも、ラッチアップ耐量が大きくとれ、より高い信頼性が確保できるストライプ型のセルが多く採用されている。

✹ 第3章 シリコンIGBT

３.９ IGBT セル構造の進展

　前述したように、1982 年に発表された IGR（Insulated Gate Rectifier）は
MOS 駆動型のバイポーラトランジスタとして初めてその試作に成功し
た素子であった [7] が、そのスイッチング速度は遅くかつすぐにラッチ
アップして壊れてしまうという欠点を有していた。スイッチング速度が
遅いという欠点に対しては、n+ バッファ層を n−ドリフト層と p+ コレ
クタ層の間に挿入し、かつライフタイムコントロールプロセスを導入す
るという PT-IGBT 構造の発明で、オン電圧を増加させることなくその
スイッチング速度を向上することに成功した [12]。また、ラッチアップ
耐量の向上は、ノンラッチアップ構造の発明により大幅に向上すること
に成功した [10]。そして、その後の IGBT 構造の進展は、低オン電圧特
性−高速スイッチング特性―高破壊耐量特性の間のトレードオフ特性を
いかに同時に向上するかがポイントとなった。このトレードオフ特性を
向上するため、U-LSI に適用されていた当時の最先端のデバイス設計技
術やプロセス技術が IGBT 開発にも展開され、IGBT の特性は飛躍的に
進歩することとなった。IGBT は、前述のようにパワー MOSFET の裏面
基板を n+ から p+ に変えた構造であり、その素子表面構造はほとんど
同一であったため、その特性向上にはパワー MOSFET に適用された技
術がそのまま使われることが多かった。たとえば、MOSFET の低オン
抵抗化のために開発されたトレンチゲート構造ならびにそのプロセス技
術を IGBT の低オン電圧実現のために素子開発し適用する、といったの
がその典型的な例であろう。トレンチゲート構造を適用することでセル
間のピッチを微細化でき、より多くのセルをチップ内に形成することで
IGBT のオン電圧低減を図ったのである [19]。しかしながら、当時のト
レンチゲート IGBT（以下トレンチ IGBT と記す）では負荷短絡時に非常
に大きな電流が流れることとなり IGBT が破壊してしまう、またトレン
チゲート構造を適用したにも関わらず、思いのほかオン電圧の低減が少
ない、などの問題も指摘され、なかなかトレードオフ特性を両立するこ
とが困難であった。そんな中、Injection Enhancement 効果（IE 効果）と
呼ばれる IGBT 特有の低オン電圧を実現できるトレンチゲート構造を利

－ 116 －

用した技術が提案された[20]。このIE効果を取りいれたIGBT構造の断面図を図3.19に示す。この構造はIEGTと呼ばれ、素子表面のキャリア分布を増大させ、その結果スイッチング損失をあまり増やさずにオン電圧を低減できるという特徴を有している。またこのIEGT構造は別の特徴も有している。IEGTは図3.19を見てもわかるようにMOSFETのチャネルを一部減らした構造となっているため、MOSFETの総チャネル幅が通常のトレンチIGBTに比べ短くなる。その結果、コレクタ電圧に高電圧を印加した際の飽和電流を抑えることができるため、負荷短絡時の電流を比較的小さく抑えることが可能となる。つまり、このIEGTは素子表面にキャリアを蓄積させることによる低オン電圧特性と、飽和電流を抑えることによる高破壊耐量を同時に実現することができたのである（図3.20参照）。IEGTの他にも、素子表面のキャリア濃度を増やしてオン電圧の低減を図る構造として、濃度の高いn層をpベース層とn−ドリフト層の間に挿入した、CSTBT（Carrier Stored Trench-gate Bipolar Transistor）[21]やHiGT（High-Conductivity IGBT）[22]も発表され

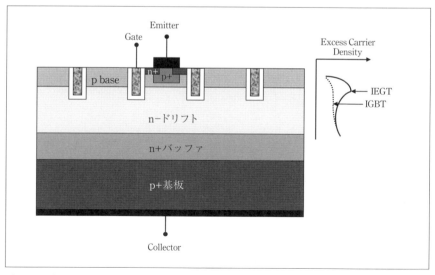

〔図3.19〕IEGT構造の断面図ならびにIEGTとIGBTのオン時のキャリア分布

(図 3.21、3.22 参照)、また低オン電圧特性と良好な負荷短絡特性を同時に実現するトレンチ IGBT も相次いで発表された [23]。

一方、IGBT セル構造の進展は、表面ゲート構造の改善だけではなく、ワイドベース pnp トランジスタの設計にも及んだ。誕生して間もない初期 IGBT において、その設計概念は高濃度 p+ 基板からの正孔の高注入効率特性とライフタイムコントロールプロセスによる輸送効率の最適な制御によってオン電圧とスイッチング特性間のトレードオフ特性の向上を図っていた。しかしながらこの設計手法では、ライフタイムコントロールの実施に伴うオン電圧の負の温度特性(温度が上昇するとオン電圧が低減すること)により、IGBT 並列運転時の電流集中の問題や、素子単体において十分大きな負荷短絡耐量の確保が難しい、などの問題があった。そのような背景において、上記設計概念を覆すあらたな IGBT 構造が発表された。それがノンパンチスルー(non-punch-through:NPT)型 IGBT である [13]。NPT-IGBT の特徴を以下に示す。

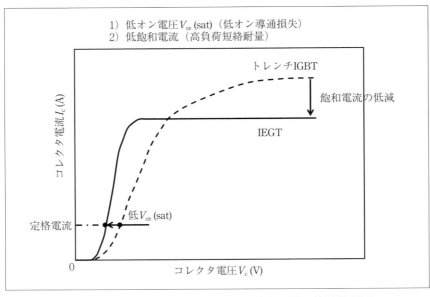

〔図 3.20〕IEGT とトレンチ IGBT の電流—電圧特性比較図

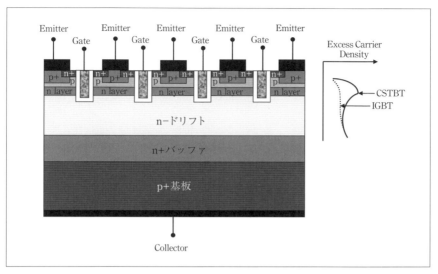

〔図 3.21〕CSTBT 断面構造図

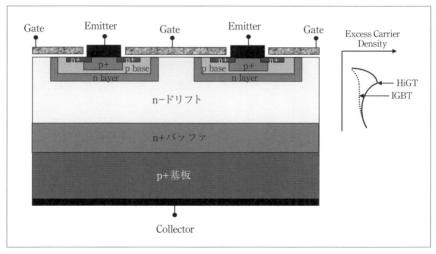

〔図 3.22〕HiGT 断面構造図

●第3章　シリコンIGBT

i) 従来のCZウェハ＋エピタキシャル層からバルクウェハ（FZウェハ）
への転換

ii) 薄ウェハプロセス

iii) pコレクタ層からの注入効率の低減（低注入効率設計）

iv) ライフタイムコントロールプロセスを用いない（高輸送効率設計）

　NPT-IGBT の特徴である、低注入効率ならびに高輸送効率設計により、電流導通時の IGBT 内電子・正孔分布が、従来の PT-IGBT に比べ非常にフラットな分布となる。これにより、低オン電圧でなおかつ高速スイッチング特性が得られるとしている。またライフタイムコントロールプロセスをしていないことにより、温度上昇による輸送効率の増加がほとんど見られず逆に温度上昇による移動度の低減効果が顕著となるため、オン電圧の温度特性は正を示す、つまり温度上昇とともにオン電圧も上昇することとなる。さらに NPT-IGBT の n−ドリフト層厚さが従来のPT-IGBT よりも厚い設計となっているため、負荷短絡時の素子内電界強度が緩和され、その結果十分大きな負荷短絡耐量が確保された。このように、NPT-IGBT の誕生により、オン電圧―スイッチング特性―負荷短絡耐量のトレードオフ特性改善が実現し、なおかつ IGBT の並列運転に適した特性を示すことで IGBT は一気にその存在感を増したのである。この NPT-IGBT の設計コンセプトをさらに進化させ、低注入・高輸送効率設計を保ったまま n−ドリフト層を薄くし高電圧印加時の空乏層のストッパーとして高濃度の n 層を導入した Field stop（FS）型の IGBT が発表された [24, 25]。この FS 型 IGBT の登場により、n−ドリフト層がさらに薄くなったことでオン電圧とスイッチング特性はより一層向上することになった [26]。図 3.23 に FS-IGBT と PT-IGBT における電流導通時のn−ドリフト層内電子・正孔キャリア分布比較を示す。FS-IGBT は低注入・高輸送効率設計であるため、素子内のキャリア分布は PT-IGBT に比べ全体的に電子・正孔密度は低くかつよりフラットな形を取る。逆にPT-IGBT はコレクタ電極側の電子・正孔密度は高く、エミッタ電極に向かうにしたがって急激に低減する分布となる。IGBT はバイポーラデバ

－ 120 －

イスであるため電流導通時には電子電流と正孔電流が流れ、移流・拡散方程式を使って表すと以下のようになる(一次元表記)。

$$J_p = -qD_p\frac{dp}{dx} + q\mu_p p E \quad \cdots\cdots\cdots\cdots\cdots\cdots (3.2)$$

$$J_n = qD_n\frac{dn}{dx} + q\mu_n n E \quad \cdots\cdots\cdots\cdots\cdots\cdots (3.3)$$

J_p, J_n は正孔ならびに電子電流密度を、q は素電荷を、p, n は正孔、電子密度、D_p, D_n は正孔ならびに電子の拡散係数を、そして μ_p, μ_n は正孔ならびに電子の移動度をそれぞれ表す。以上の式からわかるように正孔ならびに電子電流は濃度勾配による拡散電流ならびに電界によって流れるドリフト電流からなっていることがわかる。図3.23を見ると、PT-IGBTにおいて正孔電流 J_p は拡散電流とドリフト電流がお互い同じ方向を向くため和となるが、電子電流 J_n はそれぞれが逆方向を向くためお互いをキャンセルするようになる。つまり、PT-IGBTの場合、全電

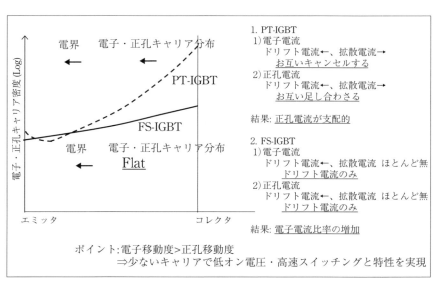

〔図3.23〕電流導通時のPT-IGBTならびにFS-IGBTキャリア分布の比較図

第3章 シリコンIGBT

流に占める正孔電流の比率が高くなる。一方 FS-IGBT の場合、電子・正孔分布がほぼフラットであるため濃度勾配 $\frac{dp}{dx}$、ならびに $\frac{dn}{dx}$ が極めて小さくなる。その結果 PT-IGBT にくらべ、正孔電流 J_p の割合が減少し、逆に電子電流 J_n の割合が大きくなる。ここでシリコンの場合、正孔の移動度 μ_p と電子の移動度 μ_n の大きさを比較すると、$\mu_p = 450(cm^2/Vs)$ に対し、$\mu_n = 1500(cm^2/Vs)$ (@300 K) と電子の方が約3倍以上大きいことが知られている [27]。つまり、FS-IGBT 構造の素子内部キャリア分布は全電流に占める電子電流が多くさせ、かつその電子移動度が高いことから、少ないキャリア密度で低オン電圧を示すことができ、かつスイッチング速度も速くできるのである。また NPT から FS-IGBT へと薄ウェハ構造が進化したため、ますます低オン電圧・高速スイッチング化が進むこととなったのである。この技術と前述の表面トレンチゲート構造が融合し、最新の IGBT は十分大きな負荷短絡耐量を保ちながらも、低オン電圧で高速スイッチング特性を実現できるようになったのである。

a. IGBT薄ウェハ技術

ここで IGBT の薄ウェハ技術について述べる。現在の最先端 IGBT 構造であるトレンチ FS-IGBT（Light Punch Through（LPT）-IGBT[28] とも呼ばれる）は、薄ウェハ化技術と IGBT 特有トレンチゲート構造、具体的には前述した IEGT、CSTBT ならびにトレンチ HiGT に代表される素子表面に電荷を蓄積する構造とを融合することで超低オン電圧・超高速スイッチング性能を示しながら、高破壊耐量を併せ持った素子である。シリコンウェハを薄化するだけの技術は、たとえば IC カード用素子のプロセス技術などが知られているが、パワーデバイスである IGBT で言うところの薄ウェハ技術は、ただ薄化するのみでなく、薄化した上さらにウェハ裏面に p 型ならびに n 型不純物をイオン注入ならびに熱拡散を行い、さらに裏面電極を形成しなければならないところに特徴がある。そのため薄くなったウェハをハンドリングする際に割らない高度なプロセス技術が要求され、これが IGBT 固有技術なのである。この薄ウェハ・裏面プロセス技術の進展には目覚ましいものがあり、たとえば厚さ40 μm という極薄ウェハ技術を開発し、これを活用した 400 V 耐圧の FS-IGBT の

－ 122 －

報告もある [29]。この 40 μm という厚さを実現するため、従来までの薄ウェハ化技術に加えて、ウェハの反りを低減するための保護膜や電極膜の最適化、ならびにチップダイシング時のチッピングを避けるための素子切断技術が開発された。

　IGBT の薄ウェハプロセスの概要について、図 3.24 を使って説明する。

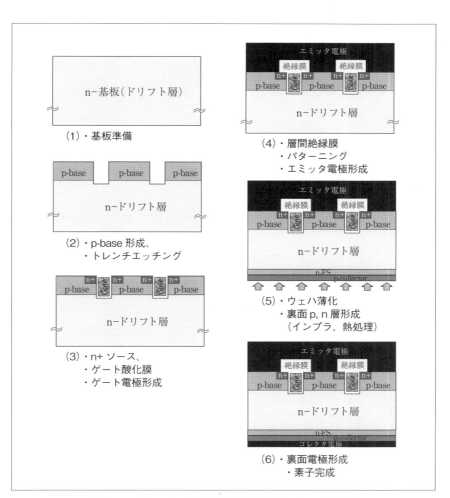

〔図 3.24〕トレンチ FS-IGBT 作成プロセス概略図

- 123 -

● 第3章　シリコンIGBT

まずn型不純物がドープされたバルクウェハ（Float zone（FZ）ウェハ）用意する。この時の不純物濃度は、設計しようとするIGBTの素子耐圧が十分確保できる値にする。その後表面にトレンチMOSFET構造を形成するため、イオン注入ならびに熱拡散、さらにはドライエッチングと熱酸化、ゲート電極形成のためのプロセスを実施する。そして層間絶縁膜を形成し、パターニング、表面エミッタ電極を、スパッタ法などを用いて形成する。次に、ウェハの裏面工程へと移る。まずウェハを薄くするため、ウェハ裏面を削り薄くする。この時、設計するIGBTの素子耐圧に応じて、たとえば600 Vクラスの素子であれば70〜80 μmに、1200 Vクラスの素子であれば110〜125 μm程度まで薄く削る。そして裏面にn型のFS層（LPT層）ならびにpコレクタ層を形成するため、不純物イオン注入ならびにその後の熱処理を実施する。そして最後に裏面電極を成膜し、薄ウェハIGBTのプロセスは完了する。

　図3.25にIGBTのウェハ厚さの大まかな進展を示すグラフを示す。耐圧クラス600 V、1200 V、ならびに1700 Vについてみると、おおよそ2003年以降その薄ウェハの進展のスピードが遅くなっているようにも

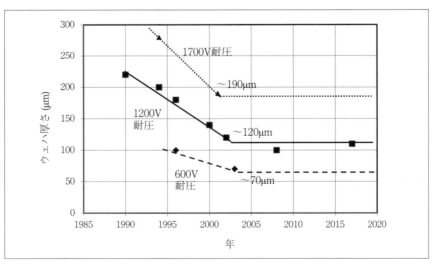

〔図3.25〕IGBTウェハ薄化の進展

見える。これは、これ以上薄くすると各耐圧クラスの IGBT に必要な素子耐圧の確保が十分できなくなる、つまりシリコンの材料物性の限界から来ていることに起因している。しかしながら、近い将来には 600 V クラスで厚さ 50 μm, 1200 V クラスで 100 μm を切る厚さまで薄くする可能性も言われており、今後の技術の進展を期待したい。この薄ウェハプロセスを使った IGBT 素子設計は、600 V 〜 1700 V クラスにとどまらず、6500 V といった超高耐圧 IGBT にも広がっており今後もシリコン IGBT の根幹をなす設計概念となるであろう。

このように IGBT の薄ウェハ技術の進歩により、ウェハ仕上がり厚や裏面プロセス設計の自由度を大きく増大することが可能となった。これにより更なる低損失化が図られ、その結果、耐圧 1200 V クラス IGBT チップサイズも 1990 年のものに比べ 30% までの縮小化（つまり 70% 減）が実現している。

3.10 IGBT 実装技術

　IGBT 技術の進展の最大の目的は、IGBT から発生する損失を減らすことと、それに伴い IGBT 素子を小型化することによる 1 素子当たりのコストを下げることにある。IGBT モジュールは、複数の IGBT チップと FWD チップが絶縁基板上に実装されており、さらにこの絶縁基板が銅ベースプレート上に配置された構造となっている。図 3.26 に実際のパワエレ装置内に装着されている IGBT モジュールの断面構造を示す。IGBT ならびに FWD チップはセラミックス絶縁基板の両側に銅が装着されている DCB (Double Cupper Bond) 基板に半田により実装される。そしてこの DCB 基板が、放熱用の銅ベースプレートに半田により接合され、さらにこの銅ベースプレートが放熱用のフィンに装着されている。この IGBT モジュールの小型化実現のためには、IGBT ならびに FWD チップの小型化が必要となる。しかしながら、これらパワーデバイスの小

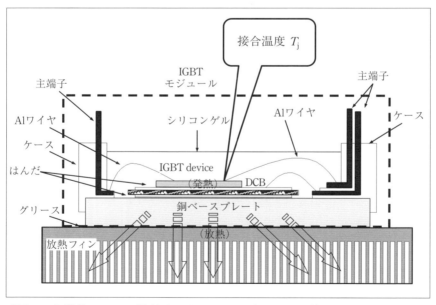

〔図 3.26〕放熱フィンに装着された IGBT モジュールの断面図と IGBT からの放熱の様子

型化は素子パワー密度の増加による温度の上昇を伴い、IGBT モジュールの信頼性劣化を引き起こすこととなる。ここで重要な設計パラメータとなるのが、IGBT モジュール動作時の素子表面温度（接合温度 T_j）である。IGBT モジュールが誕生した当初、接合温度 T_j は 125℃で設計されており、そこから 150℃まで向上してきた。さらに最近の発表では、$T_j=175$℃での動作を保証した IGBT モジュールが開発された [30]。この T_j の高温化実現には、IGBT チップの改善（高温でのもれ電流の低減や破壊耐量の向上、表面電極の改良など）だけでなく、たとえば低熱抵抗で放熱能力に優れ、かつ高強度の DCB 基板やはんだ接合技術の開発などパッケージ技術の進展によるところが大きい。接合温度 T_j を高くすることで、素子定格電流に対するチップサイズを小さくすることができ、このことで IGBT モジュールサイズの縮小が可能となる。また見方を変えれば、IGBT モジュール設置面積に対する出力電流の増加をもたらす設計も可能となる。どちらの設計方針をとっても、IGBT モジュールにとってより高い電力密度を実現することになるため、IGBT モジュールユーザーはインバータの大きさや重量を減らす、またはインバータ出力を増大することが可能となる。このように、IGBT チップだけでなくモジュール技術の進展によって、IGBT モジュールだけでなくそれを搭載するパワエレ装置の小型・軽量化、さらには低コスト化が実現することとなるのである。

　次に駆動回路と保護機能・回路を組み込んだ新しい形の IGBT モジュールである、IPM（Intelligent power module）につい説明する [31]。IPM はゲート駆動回路・制御回路が実装されたプリント基板（Printed Circuit Board: PCB）が直接 IGBT モジュールに装着されており、IPM 専用に設計された過電流検出セル内蔵 IGBT チップを使って IGBT 内の電流をモニターし、たとえば負荷短絡が発生し大電流が導通した時の保護機能を備えている。最近では過電流検知・保護機能だけでなく、過熱検知・保護機能を備えた IPM も発表されている。この IPM の誕生によって、従来個々の IGBT モジュールに合わせた駆動回路や保護回路の設計を、大幅に短縮できるというメリットがある。ならびに IGBT の保護が確実に

◉第3章　シリコンIGBT

行えるようになり信頼性が向上するため、家電や一般産業用途だけでなく xEV 用途にも積極的に適用されるようになった。さらに、IGBT チップ設計から見ると、破壊耐量とトレードオフ関係にあるオン電圧特性に関し、保護回路によって確実に IGBT チップの破壊から保護できることから、IGBT チップ設計をより低オン電圧特性が実現できるようにすることが可能となるため、低損失 IGBT モジュールの実現ができるというメリットもある。

3.11 最新の IGBT 技術
a. 表面セル構造の最新技術

最新の IGBT 構造は、前述のように、素子表面をトレンチゲート構造にし、なおかつ縦方向 pnp トランジスタは薄ウェハ技術を駆使し最適化したものとなっている。2006 年に Nakagawa により IGBT の特性理論限界に関する論文が発表された[32]。これは、前述した表面のキャリア蓄積効果と裏面 p+ コレクタ層からの注入を極限まで最適化した際に、どこまで特性が向上するかを示したものである。これによると、トレンチゲート間距離（メサ幅）を 50 nm 以下まで小さくすることで電子の注入効率が大幅に向上し、それにより大きくオン電圧が低減できることをデバイスシミュレーション計算結果として報告している。図 3.27 に素子断面構造を示す。これにより、たとえば 1200 V クラス IGBT において、オン電圧が 1.0 V に迫る特性が実現可能かもしれない。またこの理論に基づき、実際に素子を試作し、非常に低い導通損失特性が得られたと報

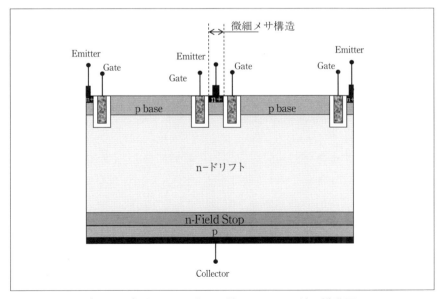

〔図 3.27〕微細メサ構造を持った IGBT 断面構造図

● 第3章　シリコンIGBT

告している [33, 34]。しかしながら素子表面のキャリア蓄積効果については、スイッチング損失の増大をもたらす可能性もあるので、オン電圧－スイッチング特性のバランスを考えて慎重に設計する必要がある。

b.　逆阻止IGBTならびに逆導通IGBT

　従来は別チップであった IGBT と pin ダイオードを 1 チップに集積した IGBT 構造が開発されている。代表的なものとして IGBT に pin ダイオードが直列に接続した構造である逆阻止 IGBT（Reverse Blocking IGBT（RB-IGBT））ならびに IGBT と pin ダイオードが逆並列に接続された逆導通 IGBT（Reverse Conducting IGBT（RC-IGBT））がある。

　RB-IGBT は AC-AC 直接変換回路であるマトリックスコンバータへの適用が期待されている。現在普及している電力変換回路は電解コンデンサや直流リアクトルなどで構成される直流平滑回路が必要であり、このことが装置の小型化、低コスト化、長寿命化の妨げとなっている。そこで直流平滑回路を用いない変換方式としてマトリックスコンバータに代表される直接変換形電力変換回路が注目されている。この直接変換回路には双方向の電流遮断が可能なスイッチが必要であり、この用途に向けた逆阻止性能を持つ新しい IGBT である RB-IGBT が注目されている。RB-IGBT は逆方向耐圧特性を示す必要があるので、FS-IGBT 構造のような、p コレクタ層と n－ドリフト層の間に高濃度の n バッファ層を設けることができない。よって RB-IGBT は、NPT-IGBT 構造を基本としている。RB-IGBT の断面構造図を図 3.28 に示す。なおこの断面図は、素子周辺部を拡大したものとなっている。RB-IGBT は素子端部に深い p 型拡散層によって接合分離領域を形成するという構造上の特徴がある。通常の NPT-IGBT の場合、ゲートオフ状態で逆方向に大きな電圧（つまり、コレクタ電極に負の大きな電圧を印加する）と、空乏層は裏面 pn 接合から拡がり始める。この場合、逆方向耐圧特性を示すように思えるが、実施の素子では数十ボルトの電圧を印加した時点で大きなもれ電流により十分大きな逆方向耐圧を示すことができない。これは、RB-IGBT のウェハプロセスが完了した後、このウェハをダイシングして四角形の各素子に切り分けるためのダイシング工程を行うが、このダイシング工程

－ 130 －

の際に素子端部のシリコン結晶に欠陥が発生するためである。つまり、逆方向電圧を印加した際にRB-IGBT内に拡がる空乏層が上記結晶欠陥領域を覆うように拡がるため、その結晶欠陥によって発生するもれ電流が多く流れるためである。そこでダイシング工程で発生する結晶欠陥領域に空乏層が拡がらないようにするために、図3.28に示すように素子端部に深いp層を形成するのである。600Vクラス素子でウェハ厚さがおよそ100 μm、1200 V素子で200 μmあるので、このp層の拡散深さは素子の厚さ以上が必要となる。そのため、RB-IGBTの作成には通常のNPT-IGBTに比べそのプロセス時間は非常に長くなるのが一般的である。しかしながらRB-IGBTとNPT-IGBTにpinダイオードを直列接続した素子のオン電圧とターンオフ損失のトレードオフ特性を比較すると、RB-IGBTとNPT-IGBT+pinダイオードのターンオフ特性はほぼ同等になるにもかかわらず、RB-IGBTのオン電圧はNPT-IGBT+pinダイオード素

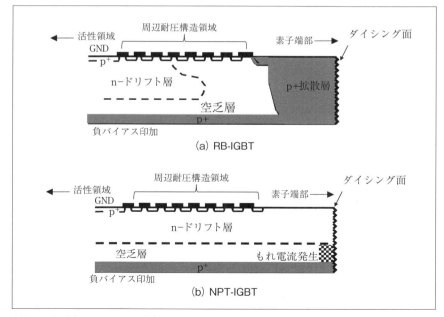

〔図3.28〕(a) RB-IGBTと (b) NPT-IGBTの逆方向電圧印加時の空乏層広がり方比較

子に比べ、直接接続された pin ダイオードのオン電圧分だけ値小さくなる（図 3.29 参照）。このように RB-IGBT は NPT-IGBT+pin ダイオード素子よりも上記トレードオフ特性が良好になり、このことが RB-IGBT 適用時の損失低減をもたらすのである。この RB-IGBT の特徴を活かした新しい 3 レベルインバータ回路も提案され、RB-IGBT を適用することで、従来の 2 レベルインバータに対して損失が大きく低減できるとの報告もあり製品化も発表されている [35, 36]。

図 3.30 に RC-IGBT の断面構造図をまた図 3.31 にインバータ回路図を示す。3.10 節でも述べたが、IGBT モジュール内には別々に実装された IGBT と FWD が接続され、それをインバータ回路に適用している。したがって半導体素子数は IGBT 6 個、FWD 6 個の計 12 個が必要になる。RC-IGBT は、逆並列に接続された IGBT と pin ダイオードが一素子に集積されたデバイスであるため、インバータ回路を形成する場合、必要な半導体数は半分の 6 個ですむことになる。そのため RC-IGBT でモジュールを構成するとそのモジュールの大きさを大幅に低減することが可能となる。このように、RC-IGBT は小型・低コスト化に適したデバイス構

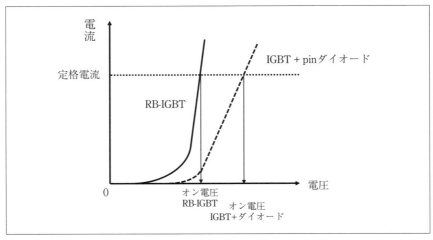

〔図 3.29〕RB-IGBT と IGBT+pin ダイオード直列接続の場合の電流―電圧特性概略図

造であるといえる。RC-IGBT はコレクタショート型 IGBT としてその基本構造が提案され [37, 38]、2004 年、NPT-IGBT 技術をもとにした RC-IGBT の試作結果が報告された [39]。その後、FS-IGBT 技術を使い、誘導加熱用途に開発された RC-IGBT の報告 [40] の後は、一般的なイン

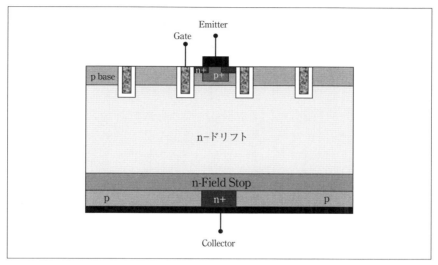

〔図 3.30〕RC-IGBT 断面構造図

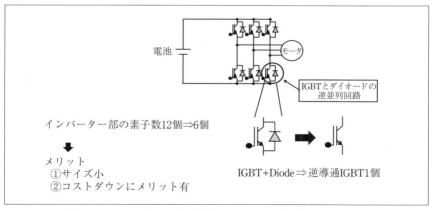

〔図 3.31〕インバータ回路図と RC-IGBT 適用時のメリット

✳第3章　シリコンIGBT

バータ回路向けの600V、1200Vクラス [41, 42] から、最近では3300 V
のRC-IGBTモジュールの開発例も紹介された [43, 44]。RC-IGBTの設計
の難しさは、素子設計の最適化手法の異なるIGBTとpinダイオードを
一素子に統合し、RC-IGBTとしての素子特性を最適化するところにある。
たとえばxEV向けRC-IGBTの場合、トレンチゲートFS-IGBT構造と逆
並列接続pinダイオード（FWD）を交互に配置し特性の向上を図ってい
る [45]。またRC-IGBTは、そのインバータ回路内の動作において、
IGBT動作とFWD動作が交互に発生するため、同一素子内のIGBT部と
FWD部でそれぞれ発熱が生じる。したがって、たとえばFWD動作時
の発熱もIGBT領域を介して放熱するため、従来IGBTモジュールでの
FWD素子よりも大幅に熱抵抗が小さくなる特徴を有する。このように
RC-IGBTはxEV用インバータ回路に適用することにより、素子数なら
びにモジュール面積を大幅に低減することが可能で、なおかつ熱抵抗の
低減も実現できることからそのコストパフォーマンスを大きく向上でき
る。今後は、FWDの逆回復特性とIGBT特性の最適化をさらに進める
ことで、RC-IGBTのより広範囲にわたる普及が可能となるであろう。

3.12 今後の展望

　IGBT は中容量から高耐圧・大電流用途までをカバーするパワーデバイスの主役となった。最近では、6.5 kV 耐圧素子の実用化から、さらには 8 kV の超高耐圧素子の研究も進められるなどそのカバーする耐圧領域は一層拡大している。FS-IGBT に代表される薄ウェハ技術やトレンチゲート技術の向上により一層の低損失化が図られ、その優位性は年々高まっている。また、低損失化も限界に近づきつつあるとも言われている中、表面セル構造ならびに薄ウェハプロセス技術の改良により IGBT 低損失化の限界に向けてのアプローチも盛んに行われている。今後は素子単体での低損失化もさることながら、RC-IGBT や RB-IGBT のような IGBT と FWD を一体化することで、モジュールの小型化やコスト低減をはかっていく動きが一層進んでいくであろう。さらに、接合温度 Tj の更なる高温化（T_j＝200℃）[46, 47] に向けてのアプローチも進みつつあり、チップ技術だけでなくパッケージ・実装技術の進展で、IGBT をより高い電流密度で使いこなすための技術開発、さらには xEV に代表される新たな市場拡大ならびに低コスト化に対応した継続的な新技術の開発や信頼性の向上などの努力により、しばらくは中容量から大容量用途におけるパワーデバイスの主役であり続けるであろう。

参考文献

[1] 山上倖三、赤桐行昌、「トランジスタ」、特公昭 47-21739、1972 年 6 月 19 日.

[2] B W. Scharf and J D. Plummer, "A MOS-Controlled Triac Devices," Proc. IEEE ISSCC, Feb., 1978, session XVI, pp.222-223.

[3] B. J. Baliga, "Enhancement- and depletion-mode vertical-channel MOS-gated thyristors," Electron. Lett., vol. 15, no. 20, 1979, pp. 645–647.

[4] J.D. Plummer, "Monolithic semiconductor switching device," U.S.Patent, No.4199744, Apr. 22, 1980.

[5] H.W. Becke and C. F. Wheatley, Jr., "Power MOSFET with an anode region," U.S. Patent 4364073, Dec. 14, 1982.

◆第3章　シリコンIGBT

[6] J.P. Russell, A.M. Goodman, L.A. Goodman, and J.M. Neilson, "The COMFET – A new high conductance MOS-Gated device," IEEE Electron Device Lett. vol.4, no.3, 1983, p.63-65.

[7] B.J. Baliga, M.S. Adler, P.V. Gray, R. Love and N. Zommer, " The insulated gate rectifier (IGR) : A new power switching device," in IEEE IEDM Tech., Dig., Dec.1982, pp.264-267.

[8] Power-MOS IGT-Insulated Gate Transistor - Data sheet, D94FQ4, R4, General Electric Company, Boston, MA, USA, Jun, 1983.

[9] B.J. Baliga, "IGBT: The GE Story" , IEEE Power Electronics Magazine, Jun. 2015, pp.16-23.

[10] A. Nakagawa, H. Ohashi, M. Kurata, Y. Yamaguchi, and K. Watanabe, "Non-latch-up 1200V 75A bipolar-mode MOSFET with large ASO," in IEEE IEDM Tech. Dig., Dec. 1984, pp. 860-861.

[11] A. Nakagawa, Y. Yamaguchi, K. Watanabe, and H. Ohashi, "Safe operating area for 1200-V non-latch-up bipolar-mode MOSFETs," IEEE Trans. Electron Devices, vol. 34, no. 2, 1987, pp. 351–355.

[12] A.M. Goodman, J.P. Russell, L.A. Goodman, C.J. Nuese and J.M. Neilson, "Improved COMFETs with fast switching speed and high-current capability," in IEEE IEDM Tech., Dig., Dec. 1983, p.79-82.

[13] G. Miller and J. Sack, "A new concept for a non punch through IGBT with MOSFET like switching characteristics," in IEEE PESC Record, vol.1, Jun. 1989, p.21-25.

[14] B.J. Baliga, "Switching speed enhancement in insulated gate transistors by electron irradiation," IEEE Trans. Electron Devices, vol. 31, no. 12, 1984, pp. 1790-1795.

[15] N. Iwamuro, A. Okamoto, S. Tagami, and H. Motoyama, "Numerical analysis of short-circuit safe operating area for p-channel and n-channel IGBTs," IEEE Trans. Electron Devices, Vol. 38, No. 2, Feb, 1991, pp. 303–309.

[16] H. Hagino, J. Yamashita, A. Uenishi, and H. Haraguchi, "An experimental

and numerical study on the forward biased SOA of IGBTs", IEEE Trans. Electron. Devices, Vol. 43, No.3, Mar.1996, pp. 490-500.

[17] M. Otsuki, Y. Onozawa, H. Kanemaru, Y. Seki, and T. Matsumoto, "A study on the short-circuit capability of field-stop IGBTs," IEEE Trans. Electron Devices, Vol. 50, No.6, Jun, 2003, pp. 1525-1531.

[18] H. Yilmaz, "Cell geometry effect on IGT latch-up," IEEE Electron Device Lett., vol. EDL-6, no.8, 1985, pp.419-421.

[19] M. Harada, T. Minato, H. Takahashi, H. Nishimura, K.Inoue, and I.Takata, "600V trench IGBT in comparison with planar IGBT," in Proc. of Int. Symp. Power Semiconductors and ICs, May 1994, p.411-416.

[20] M .Kitagawa, I. Omura, S. Hasegawa, T. Inoue, and A. Nakagawa, "A 4500V injection enhanced insulated gate bipolar transistor (IEGT)," in IEEE IEDM Tech., Dig., Dec. 1993, p.679-682.

[21] H. Takahashi, E. Haruguchi, H. Hagino, and T. Yamada, " Carrier stored trench- gate bipolar transistor (CSTBT) – a novel power device for high voltage application," in Proc. of Int. Symp. Power Semiconductors and ICs, May 1996, p.349-352.

[22] M. Mori, Y. Uchino, J. Sakano, and H. Kobayashi, "A novel high-conductivity IGBT (HiGT) with a short circuit capability," in Proc. of Int. Symp. Power Semiconductors and ICs, Jun. 1998, p.429-432.

[23] T. Laska, F. Pfirsch, F. Hirler, J. Niedermeyr, C. Schaffer, and T. Schmidt, "1200V-Trench-IGBT study with square short circuit SOA," in Proc. of Int. Symp. Power Semiconductors and ICs, Jun. 1998, p.433-436.

[24] T. Matsudai, and A. Nakagawa, "Potential of 600V Trench Gate IGBT having Lower On-State Voltage Drop than Diodes," Toshiba Review, vol.54, no.11, 1999, pp.28-31, in Japanese.

[25] T. Matsudai, K. Kinoshita and A. Nakagawa, "New 600V Trench Gate Punch-Through IGBT Concept with Very Thin Wafer and Low Efficiency p-emitter, having an On-state Voltage Drop lower than Diode," Proc. of IPEC-Tokyo, Apr. 2000, pp.292-296.

●第3章　シリコンIGBT

[26] T. Laska, M. Münzer, F. Pfirsch, C. Schaeffer, and T. Schmidt, "The field stop IGBT (FS IGBT). A new power device concept with a great improvement potential," in Proc. Int. Sym. Power Semiconductors and ICs, May 2000, pp.355-358.

[27] S. M. Sze, "Physics of Semiconductor Devices," John Wiley & Sons, New York, 1981.

[28] S. Dewar, S. Linder, C. v. Arx, A. Mukhitinov, G. Debled, "Soft Punch Through (SPT) – Setting new Standards in 1200V IGBT", in Proc. PCIM Europe, 2000, pp. 593.

[29] H. Böving, T. Laska, A. Pugatschow, and W. Jakobi, "Ultrathin 400V FS IGBT for HEV Applications," in Proc. Int. Symp. Power Semiconductors and ICs, May 2011, pp.64-67.

[30] K. Yoshida, S. Yoshiwatari, and J. Kawabata, "7th-generation "X series" IGBT Module "Dual XT", Fuji Electric Review, vo.62, no.4, 2016, pp.236-240.

[31] G. Majumdar, H. Sugimoto, M. Kimata, T. Iida, H. Iwamoto, T. Nakajima, and H. Matsui, "Super mini type integrated inverter using intelligent power and control devices," in Proc. Int. Symp. Power Semiconductors and ICs, Apr. 1990, pp. 144–149.

[32] A.Nakagawa, "Theoretical Investigation of Silicon Limit Characteristics of IGBT," in Proceedings of Int. Symp. Power Semiconductors and ICs, May 2006, pp. 5-8.

[33] M. Sumitomo, J. Asai, H. Sakane, K. Arakawa, Y. Higuchi, and M. Matsui, "Low loss IGBT with Partially Narrow Mesa Structure (PNM-IGBT)," in Proc. of Int. Symp. Power Semiconductors and ICs, Jun. 2012, pp. 17-20.

[34] F. Wolter, W. Rösner, M. Cotorogea, T. Geinzer, and M. Seider-Schmidt, "Multi-dimensional Trade-off Considera¬tions of the 750V Micro Pattern Trench IGBT for Electric Drive Train Applications," in Proc. of Int. Symp. Power Semiconductors and ICs, May 2015, pp. 105 - 108.

[35] 小松康佑、原田孝仁、中澤治雄、"アドバンスト NPC 回路用 IGBT モジュール"、富士時報, Vol. 83, No. 6, pp.362-365, 2010.

－ 138 －

[36] 富士電機株式会社ホームページ、2013 年 4 月 17 日，ニュースリリ
ース．

https://www.fujielectric.co.jp/about/news/detail/2013/20130417150008487.
html.

[37] T. P. Chow, B. J. Baliga, H. R. Chang, P.V. Gray, W. Hennessy, and C. E.
Logan, "P-channel, vertical insulated gate bipolar transistors with collector
short, " in IEEE IEDM Tech., Dig., Dec. 1987, pp.670-673.

[38] D. Ueda, K. Kitamura, H. Takagi, and G. Kano, "A new injection
suppression structure for conductivity modulated power MOS-FETs," in
Proc. Int., Conf., Solid State Devices Mater., 1986, pp.97-100.

[39] H. Takahashi, A. Yamamoto, S. Aono, and T. Minato, "1200V reverse
conducting IGBT," in Proc. of Int. Symp. Power Semiconductors and ICs,
May 2004, pp. 133-136.

[40] O. Hellmund, L. Lorenz, and H. Rüthing, "1200V Reverse Conducting
IGBTs for Soft-Switching Applications," in China Power Electronics Journal,
Edition 5/2005, p. 20-22.

[41] K. Satoh, T. Iwagami, H. Kawafuji, S. Shirakawa, M. Honsberg, and E.
Thal, "A new 3A/600V transfer mold IPM with RC（Reverse Conducting）–
IGBT," in Proc. PCIM Europe, May 2006, pp. 73-78.

[42] H. Rüthing, F. Hille, F.J. Niedernostheide, H.J. Schulze, and B. Brunner, "
600 V Reverse Conducting (RC-) IGBT for Drives Applications in Ultra-Thin
Wafer Technology," in Proc. of Int. Symp. Power Semiconductors and ICs,
May 2007, pp. 89 – 92.

[43] M. Rahimo, U. Schlapbach, A. Kopta, J. Vobecky, D. Schneider, and A.
Baschnagel, "A High Current 3300V Module Employing Reverse Conducting
IGBTs Setting a New Benchmark in Output Power Capability, " in Proc. of
Int. Symp. Power Semiconductors and ICs, May 2008, pp. 68-71.

[44] M. Rahimo, A. Kopta, U. Schlapbach, J. Vobecky, R. Schnell, and S. Klaka, "
The Bi-Mode Insulated Gate Transistor（BIGT) a Potential Technology for
Higher Power Applications, " in Proc. of Int. Symp. Power Semiconductors

◆第3章　シリコンIGBT

and ICs, Jun. 2009, pp. 283-286.

[45] A. Yamano, A. Takasaki, and H.Ichikawa," 7th-generation "X series" RC-IGBT module line-up for industrial applications," Fuji Electric Review, vol.63, no.4, 2017, pp.223-227.

[46] N. Iwamuro and T. Laska, "IGBT History, state-of-the-art, and future prospects," IEEE Trans. Electron Devices, Vol.64, No.3, 2017, pp.741-752.

[47] N. Iwamuro and T. Laska, "Correction to "IGBT History, state-of-the-art, and future prospects," IEEE Trans. Electron Devices, Vol.65, No.6, 2018, pp.2675.

第4章
シリコンダイオード

4.1 はじめに

　ダイオードは、ユニポーラデバイスであるショットキーバリアダイオード（SBD）と、バイポーラデバイスである pin ダイオードに大きく分類できる。SBD は高耐圧用途に設計すると、電流導通時のオン電圧が極めて大きくなるため、主に耐圧 200V 未満の低耐圧用途に用いられている。SBD の特徴は、ショットキー接合部の拡散電位差が小さいことによる低オン電圧特性と、ユニポーラ動作に伴う高速スイッチング特性にあり、MOSFET と組み合わせて FWD として使用することもある。一方 pin ダイオードは、電流導通時にバイポーラ動作することにより、高耐圧素子向けに設計してもオン電圧は非常に小さく、そのため、SBD とは逆に高耐圧用途に用いられることが多い。この pin ダイオードは、IGBT と組み合わせることで FWD として使用したり、一般的な整流器として使われることが多い。

● 第4章 シリコンダイオード

4.2 ダイオードの電流―電圧特性、逆回復特性

図 4.1 に典型的なダイオードの電圧・電流特性を示す。逆方向に電圧を印加すると、ほとんど電流が流れず阻止状態を保つ。そしてある電圧を超えると、一気に逆方向に電流が流れる。これはアバランシェ降伏により電子・正孔対が発生したことによって大電流が流れ、逆阻止状態が保てなくなったことを意味し、この電圧のことを素子耐圧、または単に耐圧と呼ぶ。

順方向では、ショットキー接合ならびに pn 接合の拡散電位差を超える電圧が印加されると、電流が流れ始め導通状態となる（図 4.2）。一般的に、事前に設定された定格電流が導通した時の順方向電圧をオン電圧と呼ぶ。ダイオードの順方向導通状態から逆阻止状態にスイッチングすることを逆回復動作と呼び、モータ駆動用インバータ回路に FWD として用いられる場合は、これが一般的なスイッチング動作となる。図 4.3 に pin ダイオード逆回復時の電流・電圧の波形を示す。順方向電流をオン状態からオフ状態にスイッチングさせると、電流は一定の電流変化率 dI/dt で減少し、ついには順方向から逆方向に流れる。その後、逆方向

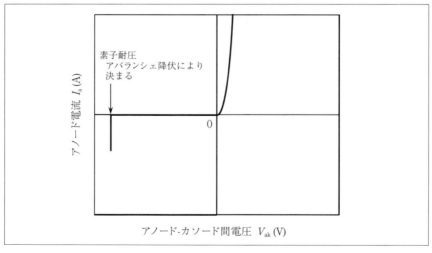

〔図 4.1〕ダイオードの順方向電流―電圧特性

- 144 -

電圧が印加されはじめ、逆方向最大電流に到達した時点で、ダイオードに印加される電圧は直流電源電圧の値になる。その後、逆方向電流は徐々

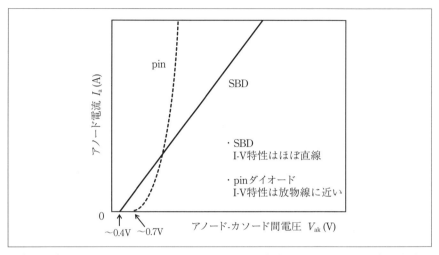

〔図4.2〕シリコンSBDとpinダイオードの順方向電流—電圧特性波形比較

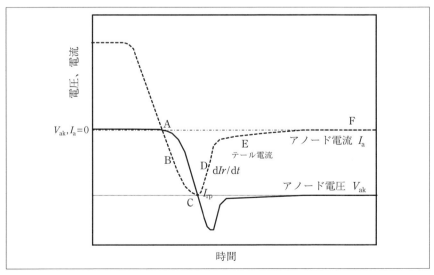

〔図4.3〕pinダイオード逆回復波形

✳第4章　シリコンダイオード

に減少し、ゼロに至るのである。このスイッチング動作において、電流
と電圧の時間積分が逆回復過程における損失（逆回復損失）となり、で
きるだけこの損失を低く抑えるように設計する必要がある。また図中の
dIr/dt の大きい場合を、ハードリカバリー、小さい場合をソフトリカバ
リーと呼んでいる。ハードリカバリーな波形では、波形振動やそれに伴
うノイズの発生といった周囲に悪影響を及ぼすことが多く、ソフトリカ
バリー特性を実現する設計を行うのが一般的である。

4.3 ユニポーラ型ダイオード

4.3.1 ショットキーバリアダイオード (SBD)

SBDは、シリコン半導体の表面に金属を堆積することによって作成することができる。市販のデバイスは一般に200V未満の素子電圧で設計されており、その特徴は、正孔の注入がないため高速スイッチング特性が達成できることにある。そのため、シリコンSBDは現在、MOSFETと組み合わせることで、小型モータ駆動や自動車電装機器、さらには低電圧電源用途に利用されている。SBDに逆方向電圧が印加されると、非常に小さいが、もれ電流が流れる。また順方向に電圧が印加されると、pn接合よりもショットキー接合部の拡散電位差が小さいことにより、電流の立ち上がりが早く、その結果オン電圧は低くなる。ショットキー障壁高さが高いと、逆方向電圧印加時において、もれ電流の導通を抑制して素子耐圧を向上させることができるが、逆にオン電圧が大きくなる。一方、ショットキー障壁高さが低いと、オン電圧は低くなるが、もれ電流が大きくなる。つまり、逆方向電圧印加時におけるもれ電流と順方向電流導通時におけるオン電圧との間にはトレードオフの関係がある。

SBDダイオード、pinダイオード、およびJBSダイオードの概略断面図を図4.4に示す。パワーデバイスとしてのSBDダイオードは、図中に示したJBSダイオード構造を取ることが多い。JBSダイオード構造[1]は、n−ドリフト層の表面に選択的にp+層が形成され、n−ドリフト層と表面電極とのショットキー接合を利用したダイオード構造である。表面電極層は、p+層領域とはオーミック接合を形成し、n−ドリフト層とはショットキー接合を形成するため、素子全体で見ると、SBDとpinダイオードが並列接続された構造となっている。JBSダイオードは、その順方向電流はSBD部のみを導通するよう設計されるためユニポーラ動作となり、そのスイッチング損失は非常に小さい。そのため、JBSダイオード設計の最適化は、十分な素子耐圧を確保した状態でいかにオン電圧を最小限に抑えるかがポイントになる。電流導通時のオン電圧は、ショットキー接合での順方向電圧降下とn−ドリフト層のオン抵抗成分からな

− 147 −

る。そのため最も重要な設計パラメータは、ショットキーバリア障壁高さに代表されるショットキーコンタクト特性、n-ドリフト層の不純物

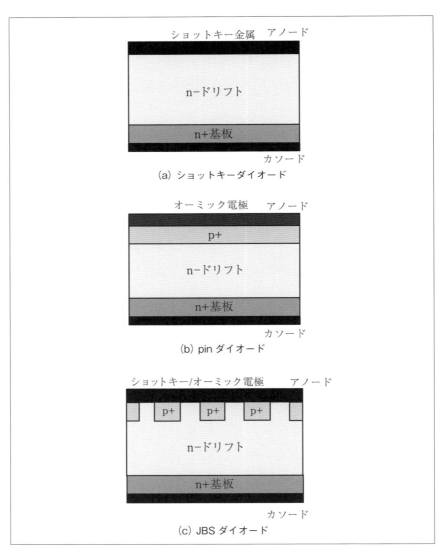

〔図4.4〕ショットキーダイオード、pinダイオード、JBSダイオード断面構造

濃度とその厚さ、および p+ 層間の距離などが挙げられる。ショットキー電極直下の n−ドリフト層を p+ 層で挟むことで、逆バイアス印加時のショットキー界面部での n−ドリフト層を空乏化させ、もれ電流の導通を抑制することができる。この逆方向阻止モードでは p+ 層 /n−ドリフト層で形成される pn 接合が逆バイアスされるため、空乏層が p ＋層に挟まれた n−ドリフト層内に拡がり、ついにはピンチオフする。ピンチオフした後、逆方向印加電圧がさらに増大してもショットキー界面における電界の増加は制限され、これ以降に印加された逆方向電圧は n−ドリフト層内に拡がる空乏層で、保持することとなる。JBS ダイオードの電気特性については、第 5 章の SiC デバイスのなかで述べることとする。

※第4章　シリコンダイオード

４．４　バイポーラ型ダイオード
４．４．１　pinダイオード

　600 V～3300 V 程度の中耐圧から高耐圧のパワエレ適用範囲において、低オン電圧特性と良好なスイッチング特性を併せ持つ、高性能 pin ダイオードは非常に重要なパワーデバイスである。第3章で述べた IGBT モジュールは、モジュール内の絶縁基板上に取り付けられた IGBT および FWD としての pin ダイオードから構成され、IGBT モジュールの優れた特性は、IGBT だけでなく pin ダイオード特性にも大きく依存する。この時の pin ダイオードの重要な特性は、(i) オン電圧が低いこと、(ii) 逆回復時間が短いこと、(iii) 逆回復電流が小さいこと、ならびに (iv) 逆回復特性がソフトであること、の四つが挙げられる。IGBT モジュールは図3.9 に示すようにモータ制御などの誘導負荷を接続した場合の適用例が多く、ここではその際のダイオードの動作について解説する。ダイオードのスイッチング動作において重要になるのが、第3章で説明した IGBT のターンオン特性 (図3.11 参照) である。この時のダイオードの逆回復動作を、図4.3 の pin ダイオードの逆回復の電流と電圧の波形ならびに図4.5 の逆回復における蓄積キャリアのダイナミクスと電界分布で説明する。

　順方向アノード電流は、pin ダイオードが逆回復動作に入ると一定の割合 (均一な dI/dt) で減少し、図4.3 中の点 A まで順方向バイアスが印加された状態を保つ。そして、アノード電流が順方向から逆方向に変わった後、pin ダイオードに逆バイアスが印加されはじめ、直流電源電圧に達するまでダイオード両端の逆方向電圧が増加する (図4.3 の点 B、図4.5 のステップ2)。この逆方向印加電圧が直流電源電圧に等しくなると、ダイオードの逆方向電流がそのピーク値 I_{rp} に達する (図4.3 の点 C、図4.5 のステップ3)。その後、アノード電流は、やや急激に減少した後 (図4.3 の点 D)、カソード電極側近くの n− ドリフト層に大量に蓄積された電子と正孔が再結合しながら、指数関数的にアノード電流は徐々に減少する (図4.3 の点 E、図4.5 のステップ4と5)。最終的には、アノード電流がゼロになり、オフ状態になる (図4.3 の点 F、図4.5 のステップ6)。このように IGBT のターンオン動作と連動して、pin ダイオード

－ 150 －

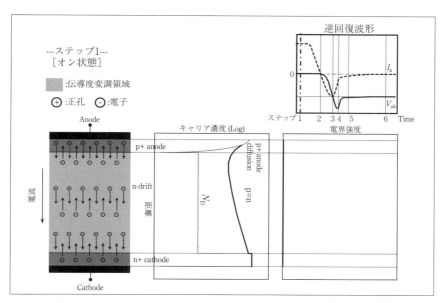

〔図 4.5〕pin diode 電子・正孔分布ならびに電界分布の変化を示した図（1）

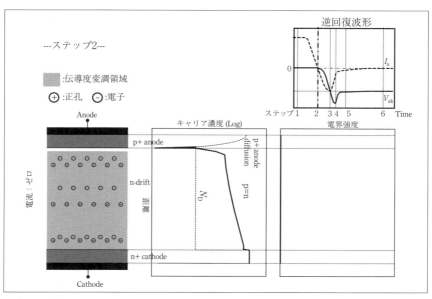

〔図 4.5〕pin diode 電子・正孔分布ならびに電界分布の変化を示した図（2）

− 151 −

● 第4章 シリコンダイオード

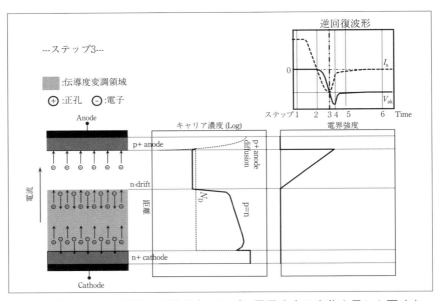

〔図4.5〕pin diode 電子・正孔分布ならびに電界分布の変化を示した図（3）

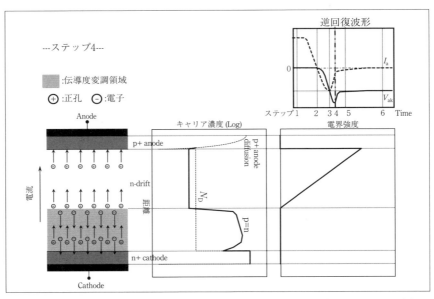

〔図4.5〕pin diode 電子・正孔分布ならびに電界分布の変化を示した図（4）

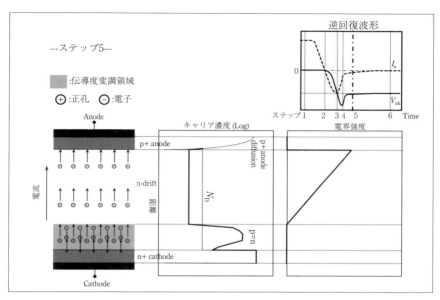

〔図 4.5〕pin diode 電子・正孔分布ならびに電界分布の変化を示した図（5）

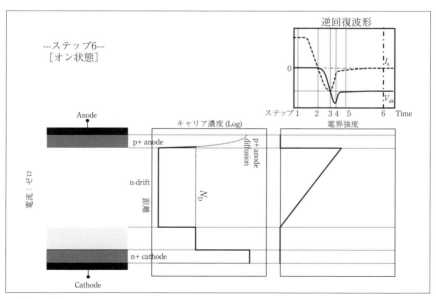

〔図 4.5〕pin diode 電子・正孔分布ならびに電界分布の変化を示した図（6）

− 153 −

● 第4章　シリコンダイオード

は逆回復動作をするわけであるが、IGBT と同様 pin ダイオードにも高
電圧と大電流が同時に印加され、その結果ダイオードでも大きな電力損
失が発生する。また、このスイッチング動作を制御する IGBT にも、ター
ンオン時にダイオードの逆回復電流が流れるため、ダイオードの逆回
復電流のピーク電流 Irp と逆回復時間を最小にすることが pin ダイオー
ドの設計において非常に重要であることがわかる。

　また、図 4.3 の点 D の時点で発生する逆方向アノード電圧の急激な増
加、いわゆるサージ電圧を低く抑えることはダイオード設計において極
めて重要である。このサージ電圧は、回路内の浮遊インダクタンス L_{stray}
とダイオード電流の急激な減少 dIr/dt によって引き起こされる（$L_{stray} \times$
dIr/dt）。したがって、高性能電圧型インバータを実現するにあたり、ダ
イオードの低オン電圧、低逆回復損失特性と並んで、このサージ電圧低
減も pin ダイオードの最適設計に際して強く要求される項目である。い
わゆるハードリカバリー特性と言われるダイオード逆回復動作は、逆回
復 dIr/dt が大きい場合に発生する可能性があり、高スパイク電圧の原因
となることが多い。pin ダイオードにおける技術革新は、発生損失とコ
スト削減だけでなく、どんな厳しい条件下でも電圧サージに伴うスパイ
ク電圧、ならびにそれに伴う電流と電圧の振動を抑制することで飛躍的
な進歩を遂げた。この電圧、電流波形振動は、特に定格電流の約 10 分
の 1 程度の低電流での逆回復動作中に増大することが知られている。そ
の対策として、一般的には pin ダイオード中への正孔ならびに電子注入
を増大させることによってソフトリカバリー特性を実現するができる。
ただし、これにより、pin ダイオードでの逆回復損失が大きくなるという、
トレードオフの関係にある。このトレードオフ特性向上のため、注入す
る正孔と電子を最小限に抑えることで非常に滑らかなスイッチング波形
ソフトリカバリー特性を実現し、なおかつ最小の損失特性の実現する
様々な高電圧ダイオードが提案されてきた [2-4]。本節では、スタティッ
クシールドダイオード（Static Shield Diode: SSD）（図 4.6（a））ならびに
Merged pin and Schottky ダイオード（MPS ダイオード）（図 4.6（b））を紹
介する。これらダイオード構造の特徴は、p+ 層 /n－ドリフト層接合か

－ 154 －

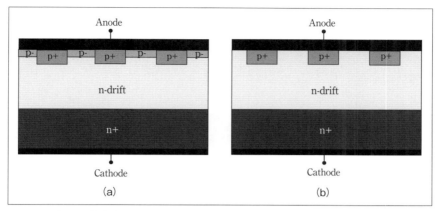

〔図 4.6〕(a) SSD ダイオード (b) MPS ダイオード　断面構造

らの正孔注入を減らすことによって、順方向電流導通中に n−ドリフト領域内に蓄積される電子ならびに正孔の量を最小限に抑えるところにある。

4.4.2　SSD ダイオードと MPS ダイオード

　SSD ダイオード（図 4.6 (a)）では、その表面が浅い低濃度 p−層と、n−層の一部が高濃度 p+ 領域に囲まれた構造となっている。p−層はその接合深さは浅く、かつドーピング濃度も低く設計されている。SSD では、順方向電流のほとんどが p−/n−/n+ ダイオード領域を導通する。その結果、p−/n−/n+ ダイオードのオン電圧と逆回復時間は、p−層のドーピング濃度が減少するにつれて減少することが示されており [2]、これにより SSD は低導通損失ならびに低逆回復損失を実現している。これは、第 3 章の 3.9 節にて解説した FS-IGBT のオン電圧 - ターンオフスイッチング損失特性改善のメカニズム（図 3.23 参照）で説明することができる。さらに逆阻止モードでは、pn 接合部付近の電界が低くなるように p+ 層幅を狭くすると、その素子耐圧が高くなる。そして、pn 接合が逆電圧を印加することによって遮蔽されるので、このダイオードを Static Shield Diode、または SSD と呼ぶ。

図 4.6（b）に示すように、MPS ダイオードの設計コンセプトは、ショットキーコンタクト領域と、p+ 領域と n-ドリフト領域グリッド構造の p/n 接合を一つの素子内に統合している点にある。逆方向電圧印加時、高耐圧用に設計された、p+ 層が無い純粋なショットキーダイオードは、ショットキー障壁低下効果（Schottky barrier lowering effect）[5] と相まって逆方向もれ電流が多くなり、その結果耐圧波形は極めてソフトな形状を示すことが多いことが知られている。しかしながら、このショットキー界面を取り囲むように pn 接合を形成することで、MPS ダイオードにおいてはショットキー障壁の低下を極力抑えることが可能となる。さらに、JBS ダイオードと同様、空乏層のピンチオフによってショットキー界面下にポテンシャル障壁を形成し、界面での電界の増加を抑制することが可能となる。このようにして、MPS ダイオードは、pin ダイオードと同等の素子耐圧を示すように設計することができる。図 4.7 に、MPS ダイオード、SBD、ならびに pin ダイオードの順方向特性のシミュレー

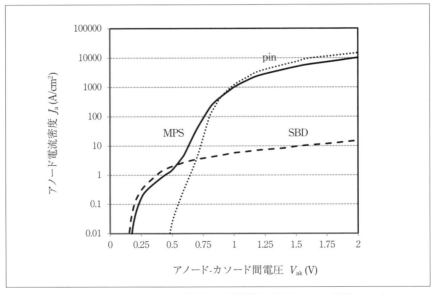

〔図 4.7〕MPS ダイオード順方向特性計算結果（SBD 領域 50%）

ション結果を示す。MPS ダイオードは、順方向電圧 0.5 V 未満では SBD と pin ダイオードの中間の電流密度で動作するが、さらに順方向電圧が高い領域では、SBD や pin ダイオードよりも高い電流密度で動作することが可能、つまりオン電圧が小さくなる。また、逆回復特性に関して MPS ダイオードは、より低い逆回復時間、逆回復ピーク電流、さらには低 dIr/dt を示すことが可能である [6]。また MPS ダイオードの作成に関しても、pin ダイオードにほとんど追加するプロセスなしに作成が可能である点も特徴として挙げられる。

参考文献

[1] B. J. Baliga, "The pinch rectifier: A low-forward-drop high-speed power diode," IEEE Electron Device Letters, vol.5, no.6, 1984, pp.194-196.

[2] M. Naito, H. Matsuzaki, and T. Ogawa, "High current characteristics of asymmetrical P-i-N diodes having low forward voltage drops," IEEE Trans. Electron Devices, vol.23, no.8, 1976, pp.945-949.

[3] Y. Shimizu, M. Nairo, S. Murakami, and Y. Terasawa, "High speed low-loss P-N diode having a channel structure," IEEE Trans. Electron Devices, vol.31, no.9, 1984, pp.1314-1319.

[4] B. J. Baliga and H. R. Chang, "The merged pin Schottky (MPS) rectifier: High-voltage, high-speed power diode," in IEEE IEDM Tech., Dig., Dec. 1987, pp.658-661.

[5] S. M. Sze、"Physics of Semiconductor Devices," John Wiley & Sons, New York, 1981.

[6] H. S. Tu and B. J. Baliga, "Controlling the characteristics of the MPS rectifier by variation of area of Schottky region," IEEE Trans. Electron Devices, vol.40, no.7, 1993, pp.1307-1315.

第5章

SiCパワーデバイス

5.1 はじめに

SiC（炭化ケイ素）はIV-IV族の化合物半導体材料であり、そのエネルギーバンドギャップは2.3～3.3 eVと幅広い値を持つ。またSiCは3C、6H、15Rといった各種ポリタイプを有していることも知られている。パワー半導体材料として有望視されているSiCは、その高破壊電界強度とc軸方向の電子移動度が高いことなどにより、4H-SiCがパワー半導体材料の性能指数として有名なBaliga's Figure of Merit（BFOM）[1]の高い値を示し、よって現在では、この4H-SiCを用いたパワーデバイスの研究開発が盛んに行われている。よって本章では4H-SiCパワーデバイスに絞って議論することにする。

4H-SiC（以下SiCと略す）はバンドギャップE_g、破壊電界強度E_c、熱伝導度κなどがシリコンに比べて大きいのが特徴である。SiCは、シリコンの約10倍に及ぶ大きな破壊電界を有するため、オン動作時の導通抵抗が低減できデバイスの低損失化が可能となる。このため、同じ素子耐圧のシリコンパワー半導体デバイスに比べて、耐圧を保持するn－ドリフト層の厚さを薄くすることができ、なおかつ不純物濃度を高く設計することができるため、ユニポーラデバイスではそのオン抵抗を理論上約300分の1に低減することができる。またSiCはバンドギャップE_gが約3.3 eVとシリコンの約3倍と大きいことから、高温条件下でもシリコンに比べ熱励起により発生する電子が少なく、その結果としてもれ電流が小さくなるという特徴がある。これは高温条件下ではシリコンに比べ熱暴走による破壊が起こりにくいことを示している。つまり、接合温度T_jの上限をシリコンに比べて高く設定できるということになる。たとえばシリコン半導体デバイスのT_jの上限が現状150℃～175℃であるのに対し、SiCの場合は200℃や225℃以上に設定することができるということになる。これにより半導体デバイスの冷却部品への負担を軽減することが可能となり、冷却部品そのものの小型化ができるのである。このように、低損失、高耐熱そして高放熱という特徴が、パワーエレクトロニクス機器の冷却器周りの小型化に大きく寄与することになる。

— 161 —

※第5章　SiCパワーデバイス

５．２　結晶成長とウェハ加工プロセス

　現在実用化されている SiC 単結晶成長方法は、昇華法である。これはシリコンの場合の融液から結晶を成長させる方法と大きく異なり、粉末SiC 原料を昇華して（固体から気体、さらにその気体を固体する）単結晶を成長させる。そのためその結晶欠陥の低減や結晶の大口径化が難しく、シリコンパワー半導体デバイス用ウェハでは直径 200 mm が主流で一部 300 mm での生産が進んでいるのに対し、SiC では直径 150 mm 結晶が本格生産されたばかりである。また、一回の結晶成長で得られる結晶体積も SiC はシリコンに比べ極めて小さく、その結果インゴットの長さもシリコンに比べると短い [2]。さらにこのインゴットから SiC ウェハを切り出すにはダイヤモンドワイヤーソーでの加工が必要であるが、SiC は硬質であるため加工に時間がかかり、なおかつ切断部分のロスが多く、インゴット 1 本あたりのウェハ取れ数が少ない。このことが SiCウェハのコスト高の大きな要因となっている。昇華法に替わる結晶成長法として溶液法やガス法などが検討され、また新たなウェハ加工手法であるレーザースライス技術の開発 [3] も報告されており、この分野での今後の進展が大いに期待される。

－ 162 －

5.3 SiC ユニポーラデバイスと SiC バイポーラデバイス

　次に、この SiC を使って設計する半導体デバイスについて考える。シリコンパワー半導体デバイスの世界では、現在、第2章ならびに第3章で述べたように、スイッチング素子としては MOSFET と IGBT が主役であり市場をほぼ独占している。では SiC パワー半導体デバイスでは、どうなるであろうか？ デバイス構造の観点から見ると、MOSFET と IGBT は電圧駆動型デバイスであることによる低駆動電力特性とそれに伴う駆動回路の簡略化が可能であること、さらには高ドレイン電圧（コレクタ電圧）印加時に電流飽和特性を示すことによる素子の保護のしやすさから、シリコンから SiC に替わってもその主役の座を他のデバイス構造に譲ることはないと思われる。それでは、MOSFET と IGBT のどちらを先に開発すべきなのであろうか？ SiC は破壊電界強度 E_c がシリコに比べ約一桁大きいために、約10分の1のドリフト層厚で高耐圧デバイスが作製できる。例えば 50 μm 程度の厚さのエピ層でも耐圧およそ 5 kV でオン電圧約 3 V のユニポーラ系デバイスが期待できる。一方、SiC バイポーラデバイス設計に際しては注意する点がある。それは、ワイドバンドギャップ半導体材料の場合、pn 接合の拡散電位差がシリコン（約 0.7 V）に比べ極めて大きくなる、ということである。SiC では pn 接合があるだけでおよそ 2.5 V の電圧を順方向に印加しないと電流が流れない（図 5.1 参照）。つまり、n−ドリフト層厚さが薄くできるという特徴を活かし SiC を使って IGBT を開発しても、そのオン電圧は 2.5 V 以下には絶対にならないことを意味している。オン電圧 2 V 前後の特性を示す 600 V～1700 V クラスのシリコン IGBT に対し、SiC で同じ IGBT を開発してもシリコン IGBT を凌駕する低オン電圧特性は達成できないことになる。ということは、SiC-IGBT が活躍できる領域は、シリコン IGBT ではオン電圧がたとえば 10 V 以上にもなるような、シリコン IGBT では到底実用化が困難な超高耐圧領域（たとえば耐圧 10 kV 以上）においてのみメリットが出る、ということになる。現在の主要パワーエレクトロニクス装置において、適用されているパワー半導体デバイスの素子耐圧が主に 600 V から 6500 V クラスの素子を使っている状況をみると、SiC

パワーデバイスの開発は電流導通経路にpn接合の無いMOSFETやSBD（Schottky Barrier Diode）に代表されるユニポーラ素子が主流となることは明白である。さらに、ユニポーラ動作によるところの低スイッチング損失による高周波動作が可能となり、その結果、パワエレ装置の一層の小型化が期待される。次節からは、ダイオードならびにMOSFETの具体的な素子構造、動作、さらにはその動作の特徴についてパワーエレクトロニクス装置への適用例を紹介しながら説明することとする。

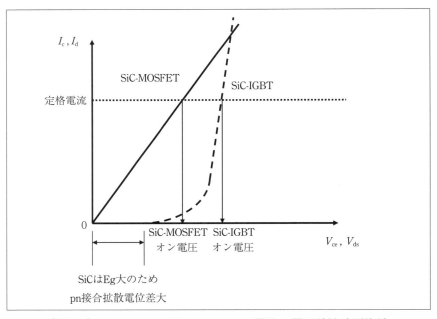

〔図 5.1〕SiC-MOSFETとSiC-IGBTの電流―電圧特性波形比較

5.4 SiC ダイオード

　シリコンに比べ低損失・高効率で動作する SiC パワーデバイスの実現には、SiC のより優れた材料特性や電気的特性を活用できるデバイスの設計ならびにその製造プロセスを開発することが非常に重要である。SiC デバイスの優れた性能は、同じ素子耐圧を有するシリコンデバイスに対し低消費電力でかつ高温動作が可能となり、その結果、パワエレ装置内の冷却装置の小型化ならびに部品点数の削減へとつながるのである。

　整流特性を有し、ユニポーラデバイスである SiC-SBD は、半導体材料の表面に金属を堆積することによって作成することができる。バイポーラデバイスである pin ダイオードに対する SBD の特徴は、少数キャリア注入がないため非常に速い逆回復特性を有する点にある。SiC-SBD に逆方向電圧が印加されると、もれ電流が流れることなく、印加された逆方向電圧を SBD が保持する。逆に順方向電圧が印加されると、SBD には大きな順方向電流が流れ、そのオン抵抗は極めて小さい。このように SiC-SBD は整流特性を示す。SBD のショットキー障壁高さが高いと、もれ電流を抑制して逆方向耐圧を向上させることができるが、電流導通時のオン電圧が大きくなる。逆にショットキー障壁高さが低いと、オン電圧は小さくなるがもれ電流は大きくなる。つまり、逆方向特性におけるもれ電流と順方向特性におけるオン電圧との間にはトレードオフの関係がある。そのため、SBD の設計・作成に際しては、その目的に応じてショットキーバリア障壁高さを決める金属材料の選択が重要となる。SBD のショットキー障壁高さは半導体側の電子親和力と金属側の仕事関数によって決まる。また特に SiC で SBD を作成する場合、SiC 内の電界強度がシリコンに比べ大きくなるため、いわゆる鏡像効果によるショットキー障壁高さの低下（Schottky barrier lowering）がシリコンに比べ顕著になる [4]。これは、逆方向電圧の増加とともに SiC-SBD のもれ電流が急激に増加することを意味している。例えば、n−ドリフト層の濃度が $1.0 \times 10^{16}\,\mathrm{cm^{-3}}$ の場合、SiC-SBD におけるショットキー障壁高さの低下分はシリコンのそれに対し約 3 倍大きくなる [5]。また、SiC-SBD におけるもれ電流の解析には、熱電子放出モデルだけでなく、熱電子-電界放出

－ 165 －

成分（またはトンネル効果）を含めることが必要であることが示された（熱電子電界放出モデル）[6]。これはSiC-SBDの場合、n-ドリフト層の不純物濃度をシリコンの場合に比べ高く設計しているため、逆バイアス印加時の空乏層の拡がりが狭く、なおかつその部分での電界強度がシリコンの約10倍程度と高電界になるためである（図5.2参照）。つまり、素子耐圧に近い逆方向電圧が印加されたとき、SiCはトンネル電流成分がSiC-SBDの逆方向もれ電流を支配することとなる。したがって、SiC-SBDのもれ電流解析において熱電子電界放出モデルを用いて解析すると実測値をよく説明できるのである。このことから、SiC-SBDにおいてその逆方向もれ電流の低減には、SBD界面での電界強度の低減が効果的となるため、シリコンでも用いられているJBS構造（Junction barrier-controlled Schottky）[7]を適用し、逆方向バイアス印加時における空乏層のピンチオフ効果を利用することで、もれ電流を低減することが可能と

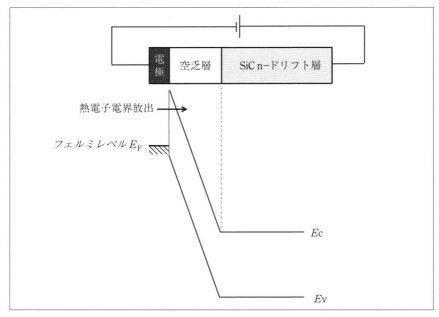

〔図5.2〕SiC-SBD 逆バイアス印加時のバンド図と熱電子電界放出もれ電流成分

なる。

　SiC pinダイオードは、シリコン pinダイオードと比較しはるかに薄いn−ドリフト層で十分大きな素子耐圧を確保できる。そのため順方向バイアス時にSiC pinダイオードに蓄積された少数キャリアがシリコン pinダイオードよりも大幅に低減することとなり、そのため逆回復スイッチング特性がより改善される。しかしながら、SiCがより大きなエネルギーバンドギャップE_gを有することで、前述したとおりpn接合の拡散電位差が大きくなることで、順方向電流導通時のオン電圧は大きく増加する。式 (5.1) はpinダイオードにおける順方向電流導通時のpn接合間の電圧降下分 V_p+V_n を示したものである [5]。

$$V_p + V_n = \frac{kT}{q} \ln\left[\frac{n(-w)n(+w)}{n_i^2}\right] \quad \cdots\cdots\cdots\cdots\cdots\cdots \quad (5.1)$$

　ここで、kはボルツマン定数、qは素電荷、Tは絶対温度、そしてn_iは真性キャリア密度をそれぞれ示す。式中の他のパラメータは図5.3に

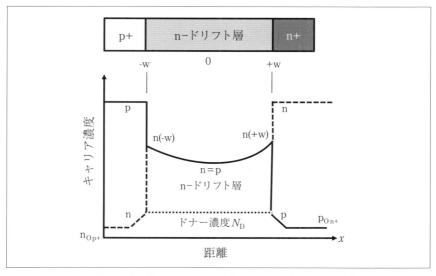

〔図5.3〕pinダイオード高注入状態でのキャリア分布

◉ 第5章　SiCパワーデバイス

示す。4H-SiC の真性キャリア密度 n_i は、E_g が大きいため、300 K にてお
よそ 7.0×10^{-11} cm^{-3} と、シリコンの約 1.0×10^{10} cm^{-3} と比較して極めて低
くなる。その結果、n−ドリフト領域のキャリア密度 n(w), n(−w) を仮に
1.0×10^{17} cm^{-3} とすると、SiC の pn 接合間での電圧降下 $V_p + V_n$ は、式 (5.1)
を使って計算すると 3.24 V となり、シリコンの場合の電圧降下 0.82 V
に対し非常に大きな値となる [5]。したがって、SiC pin ダイオードにお
けるオン状態での pn 接合間での損失は、シリコン pin ダイオードに比
べ約 4 倍も高くなる。つまり SiC pin ダイオードは、上記 pn 接合間での
損失が大きいという欠点を補って余るある領域、具体的には pn 接合間
よりも n−ドリフト領域での電圧降下が大きく、この領域での損失が極
めて大きくなる領域である素子耐圧 10 kV ～ 15 kV 以上の、超高耐圧領
域用途が好ましいことになる。

5.4.1　SiC-JBS ダイオード

　SBD ダイオード、pin ダイオード、および JBS ダイオードの概略断面
図は前章の図 4.4 に示したとおりである。前章でも説明したが、JBS ダ
イオード構造は、シリコンで最初に実証され [7]、n−ドリフト層に p+
層と n−領域の接合が形成されたショットキーダイオード構造である。
上部の電極層は、p+ 領域にはオーミックコンタクト、n−ドリフト層に
はショットキーコンタクトを形成するため、素子全体ではショットキー
ダイオードと pin ダイオードが並列接続された構造となっている。JBS
ダイオードはユニポーラ動作であるため、そのスイッチング損失は非常
に小さく、デバイスの設計としては素子耐圧に対するオン電圧を最小限
に抑えることとなる。電流導通時のオン損失は、ショットキー接合での
順方向電圧降下（拡散電位差）と n−ドリフト層のオン抵抗からなる。そ
のため最も重要な設計パラメータは、n−ドリフト層の不純物濃度とそ
の厚さ、ショットキーバリア障壁高さなどのショットキーコンタクト特
性、ideality factor、および p+ 層間の距離によって決まる n−ドリフト層
抵抗となる。SiC-JBS ダイオードは通常、シリコン面（(0001) 面）SiC ウ
ェハ上にショットキー電極を形成するように作られる。ショットキー電

極下のn−ドリフト層をp型半導体領域で挟むことでショットキー界面部のn−ドリフト層を空乏化し、もれ電流を抑制する。これに加えて、空乏層の厚さ（ショットキー界面からn+半導体基板に向かって伸びる空乏層の幅）が大きくなると、もれ電流がより一層抑制される。この逆方向阻止モードではp+/n−接合が逆バイアスされ、空乏層がp+領域に挟まれたn−領域（チャネル域）内に拡がりピンチオフする。そしてピンチオフ後、ショットキーコンタクトにおける電界を制限するように電位障壁が形成され、一方n−ドリフト領域はさらなる逆方向印加電圧の増加を保持するかたちとなる。ショットキーコンタクトの電界がトンネル電流による過剰なもれ電流が流れる点まで増加する前に空乏層のピンチオフが達成されるように、p+層間の間隔を設計する必要がある。SiCデバイスでは、ショットキーコンタクトにおける電界強度は非常に高くなり、シリコンデバイスの場合よりも約10倍高くなる。したがって、ショットキーコンタクト部のエネルギーバンドの傾きは非常に大きく、その結果ポテンシャル障壁は非常に薄くなり、もれ電流は熱電子電界放出モデル[6]、[8]で表すことができる。これは、ショットキーコンタクトを通るもれ電流を減少させるための有効な方法は、ショットキー障壁界面での電界強度を低下させて電位障壁が薄くなり過ぎないようにすることであることを意味し、このため、JBS構造がSiC-SBDには適していることがわかる。

　順方向電流導通モードでは、電流はショットキーコンタクト下のp+層領域間の複数の導電チャネルを通って流れ、オン電圧は金属/半導体ショットキー障壁高さおよびドリフト領域抵抗によって決まる。チャネル領域は、印加電圧がゼロまたは順方向バイアス条件下で、空乏層が接触しないように十分に離して配置する必要がある。オン電圧はSiC-JBSダイオードの導通損失となるため、n−ドリフト層の厚さとその不純物濃度は、デバイスの定格電圧と比較してある程度高い素子耐圧を示しつつ、低いオン電圧を同時に達成するために慎重に設計する必要がある。JBSダイオードのオン電圧と電流密度の関係は一般的なSBDダイオードと同じであるが、ショットキーコンタクト部の電流密度はp+層領域が

占める面積を考慮する必要がある。図5.4に示したJBSダイオード構造パラメータを用いてショットキーコンタクト部を導通する電流密度を式(5.2)に示す[4, 5, 9]。

$$J_{F,JBS} = \frac{s+w}{s-2d} J_F \quad \cdots\cdots\cdots\cdots\cdots\cdots\cdots\cdots\cdots\cdots\cdots (5.2)$$

ここで、wはp+層の幅、sはp+層の間隔である。またdはp+層から広がる空乏層幅である。熱電子放出モデルに基づくショットキーバリア理論を用いてJBSダイオードの順方向電圧降下（オン電圧）$V_{F,JBS}$を表すと、式(5.3)のようになる。

$$V_{F,JBS} = \frac{kT}{q}\ln\left(\frac{J_{F,JBS}}{A^{**}T^2}\right) + \Phi_B + R_{grid} \times J_F + R_{drift,JBS} \times J_F \quad (5.3)$$

ここで、kはボルツマン定数、qは素電荷、Tは絶対温度、J_Fは$V_{F,JBS}$における順方向電流密度を表し、さらにA^{**}はリチャードソン定数を表す。またR_{grid}は、p+層からp+層下への電流拡がり部の抵抗の合計を意味する。式(5.3)から、最適化する主なパラメータは、順方向電圧降下と逆方向リーク電流のトレードオフを制御するドリフト領域の抵抗、ショ

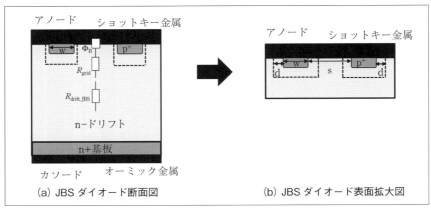

〔図5.4〕JBSダイオード断面図ならびにその表面拡大図

ットキーバリアの高さ Φ_B、および p+ 層の設計となる。ここで p+ 層の幅や間隔を最適化することで、オン電圧の増加を伴わずにもれ電流の低減を図ることが可能となる。n−ドリフト層が十分厚く、いわゆるノンパンチスルーの設計の場合、n−層ドリフト層での抵抗は式 (5.4) のように表すことができる。すなわち n−ドリフト層の抵抗は素子耐圧 V_B の2乗に比例する [4]。このn−層ドリフト抵抗は SiC-JBS ダイオードのオン抵抗の多くを占める部分でもあるため、n−ドリフト層の厚さと式 (5.5) によって決まる不純物濃度を最適化することは極めて重要となる。

$$R_{drift,npt} = \frac{4V_B^2}{\varepsilon \mu_n E_C^3} \quad \cdots\cdots\cdots\cdots\cdots\cdots\cdots\cdots\cdots\cdots \quad (5.4)$$

$$R_{drift,npt} = \frac{t_{epi}}{q \mu_n N_d} \quad \cdots\cdots\cdots\cdots\cdots\cdots\cdots\cdots\cdots\cdots \quad (5.5)$$

現在の SiC-SBD はノンパンチスルー設計よりもパンチスルー設計が主流である。ここで、n−ドリフト層の n+ 基板側における電界強度とショットキーコンタクト部の電界強度の比として定義されるパンチスルーファクター z を導入して式 (5.4) を修正すると以下の通りとなる。

$$R_{drift,pt} = \frac{4V_B^2}{\varepsilon \mu_n E_C^3} \times \frac{1}{(1-z^2)(1+z)} \quad \cdots\cdots\cdots\cdots\cdots\cdots \quad (5.6)$$

上記式 (5.6) の左辺 $R_{drift,pt}$ は、$z = 1/3$ のとき最小値となり、その結果、最適なn−ドリフト層の不純物ドーピングと厚さを組み合わせることで、ノンパンチスルーの場合と比較して n−ドリフト層の抵抗は約 16% 低減する [9]。

５．４．２　SiC-JBS 作成プロセス

現在市販されている SiC-JBS ダイオードの表面 p+ 層は、最適な p+ 層幅ならびに間隔で設計され、なおかつストライプ形状または正方形・六角形格子形状で配置されている。この p+ 層の間隔は、主に n−ドリフト層の濃度に応じて最適化されている。たとえば 1200 V クラスデバイ

- 171 -

● 第5章　SiCパワーデバイス

ス設計の場合、この間隔は通常数マイクロメートルに設定される。また、低オン電圧実現のため SiC-JBS ダイオードの多くはパンチスルー構造で設計されており、1200 V デバイスでは約 10〜15 μm の n−ドリフト層厚および約 $5.0 \times 10^{15} \mathrm{cm}^{-3} \sim 1.0 \times 10^{16} \mathrm{cm}^{-3}$ の不純物濃度となっている[10]。SiC-JBS ダイオードのプロセス設計はシリコンのそれと大きく異なる。具体的には、SiC は i) 高温（300℃〜500℃）でのイオン注入が必要であること、ii) このイオン注入によりドープした n 型のイオン（窒素やリン）や p 型のイオン（アルミニウム）などの不純物拡散係数が極めて小さく、これら n 型、p 型不純物の熱拡散がほとんどできないこと、さらには iii) イオン注入した不純物の活性化熱処理に 1600℃〜1800℃といった高温が必要なこと、が挙げられる。SiC-JBS ダイオードの作成プロセスの代表例について、その概略を以下に示す。

1) n+ 基板上に n−エピタキシャル層の付いた SiC ウェハを準備
2) n−エピタキシャル膜上にイオン注入用保護膜として熱酸化膜（SiO₂）を成膜
3) 酸化膜パターニング後、デバイス活性領域内の p+ 領域および素子終端領域内の p+ ガードリング領域に、アルミニウムイオン（Al イオン）をイオン注入
4) カーボン保護膜成膜後 1600〜1800℃でアニール処理
5) 表面保護膜形成後、裏面電極用ニッケル（Ni）をオーミック金属層として成膜しアニール処理
6) 表面ショットキー金属プロセスのために、チタン（Ti）またはモリブデン（Mo）等をウェハ表面に成膜
7) 表面電極として比較的厚いアルミニウム（Al）層をウェハの上に成膜し、ポリイミドなどのパッシベーション膜を成膜
8) Ti/Ni/Au（金）（または Ag（銀））層をウェハの底部に成膜

ここで、5) のニッケル（Ni）は 1000℃以下でアニールした後に SiC と効果的に反応し、良好なオーミックコンタクト特性を示すことができる。しかしながら、Ni /SiC 界面は大量のボイドを伴って粗くなり、かつ Ni

表面に大量の炭素が蓄積するという欠点もある[11]。Ni 表面に蓄積した炭素は、8) の工程で、裏面三層金属である Ti/Ni/Au（または Ag）層の剥離など、実用上の問題を引き起こす可能性があり、オーミックコンタクトプロセスは特に慎重に設計する必要がある。

　図 5.5 にトレンチ JBS ダイオード構造を示す[12]。トレンチ構造に沿って形成された p 領域により、逆バイアス印加時のショットキーコンタクト界面での電界を効率的に低減することが可能となる。これによりトレンチ JBS ダイオードの表面電界強度を約 60％低減することができたとしている[5]。そのため、このトレンチ JBS ダイオードは、その良好な逆方向阻止特性を維持しながら低いショットキー障壁高さ ϕ_b を有するショットキー金属を適用することによって、より低いオン電圧を達成することができる。具体的には、ショットー障壁高さ ϕ_b を、従来型 JBS ダイオードの 1.31 eV に対しトレンチ JBS ダイオードでは 0.85 eV に設定することで、逆方向電圧印加時のリーク電流を低く抑えたまま、拡散電位を従来構造よりも 0.45 V 低い、0.46 V に低減することができた。その結果、オン電圧も大きく低減している。これにより、逆方向電圧印加時のリーク電流とオン電圧との間のトレードオフ特性を大きく改善する

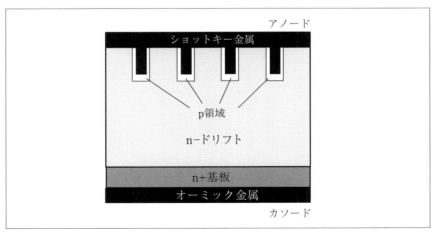

〔図 5.5〕トレンチ JBS ダイオード断面図

※第5章　SiCパワーデバイス

ことが可能となった。

5.4.3　SiC-JBSダイオードの周辺耐圧構造

　パワーデバイスの周辺耐圧構造としてガードリング構造は有名であり、シリコンパワーデバイスでは一般的に使用されている。ガードリング構造の断面構造を図5.6に示す。この構造の利点の1つは、第2章（2.2.12節）でも述べたとおり、プロセス工程を追加することなく周辺耐圧構造部を電流の流れる活性領域と同時に製造することができることである。周辺耐圧構造の耐圧は、主接合部からの第1のガードリングp層との間隔および各ガードリングp層の間隔に大きく依存する。例えば、図5.6に示す間隔W1が大きすぎる場合、主接合部の端部における電界は高く、周辺耐圧構造のないプレーナ接合部とほぼ同程度の耐圧となる。逆にこの間隔が小さすぎると、ガードリングp層の次の外側端部に電界が集中し絶縁破壊電圧が低下する可能性がある。そのため、耐圧を向上させるためにはガードリングp層の最適な設計が必須となる。文献[13]によれば、周辺耐圧構造内にガードリングp層を一つ有する接合の耐圧は、解析的方法を用いて計算することができるとしている。この方法によると、例えば1200 V SiC JBSダイオードのデバイス設計例の場合、n−

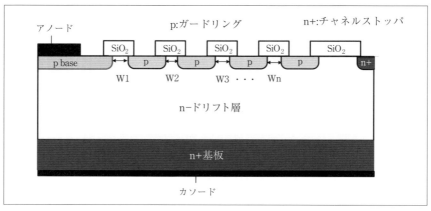

〔図5.6〕ガードリング構造断面図

− 174 −

ドリフト層濃度を 1×10^{16} cm^{-3}、ガードリング p 層接合深さを 0.9 μm とすると、主接合からの最適ガードリング間隔は 4.5 μm と計算される。しかしながら現在では、周辺耐圧構造においてより高い信頼性を確保するために、複数のガードリング p 層やフィールドプレート構造などが SiC-JBS デバイスに適用されている。そのため、ガードリング p 層間隔をより正確に設計するためには、2 次元デバイスシミュレーションを用いるのが一般的である。例えば 1200 V クラスのデバイスの場合 [14]、5 つのガードリング p 層が形成されており、また n− ドリフト層の濃度は約 1×10^{16} cm^{-3} と、同程度の耐圧クラスのシリコンデバイスの約 100 倍の高濃度に設計されている。そのため、SiC デバイスの場合、シリコンデバイスに比べ逆方向電圧印加時の空乏層は広がらない。したがって、前述の W1、W2、Wn の間隔は、シリコンデバイスに比べ約 10 分の 1 程度に短く設計しなくてはならず、例えば数マイクロメートル以下の非常に小さい値に設計する必要がある。ということは、SiC-JBS ダイオードに多数のガードリング p 層を有する構造を設計する場合、W1、W2 から Wn の間隔のバラツキに対する耐圧特性の変動がシリコンデバイスの場合に比べ大きくなるという問題がある。

　もうひとつよく使われる周辺耐圧構造に Junction Termination Extension 構造（JTE 構造）がある。シリコンデバイスの場合、この構造を適用することによって素子耐圧が大幅に向上することが示されている。図 5.7 に JTE 構造断面図を示す。この低濃度ドープ p 型領域は、通常、イオン注入技術を使って不純物濃度を正確に制御することによって形成される。この p 型領域の不純物濃度が高すぎると、小さな曲率半径のために主接合部よりも低い逆方向電圧で、端部で絶縁破壊が起こる。逆に p 型領域の不純物濃度が低すぎると、低い逆バイアス電圧で完全に空乏化し、その結果、主接合部にて JTE 構造が無いものとほぼ同程度の耐圧で絶縁破壊を生じることとなる。

　上記 p 型領域の最適電荷 Q は以下の式で表される [4]。

$$Q = \varepsilon_s \times Ec$$ ·················· (5.7)

$-$ 175 $-$

4H-SiC の場合、破壊臨界電界 Ec は概ね 3.0×10^6 V/cm であり、その結果 JTE 構造の p 層の最適ドーズ量はおよそ 1.6×10^{13} cm^{-2} となる。これは、シリコンデバイスに使用されるものより約 10 倍大きい。ガードリング構造の場合と同様、JTE 構造の p 層不純物濃度の最適化はデバイスシミュレーションによって実現することができる。例えば [15] 記載の例を見ると、p 層間隔のない 40 μm～50 μm 幅の 2 ゾーン JTE 構造が SiC デバイスに適用されている。JTE 構造の耐圧特性は低不純物濃度 p 型領域の不純物濃度に非常に敏感であるが、この領域の総ドーズ量はイオン注入プロセスによって正確に制御することができるため、耐圧特性のバラツキに対し影響が少ないことも考えられる。

5.4.4 SiC-JBS ダイオードの破壊耐量

・順方向サージ耐量

JBS ダイオードにおいて順方向電圧として、より高いアノード電圧を印加すると、JBS ダイオードの p+ 領域から正孔が注入しバイポーラ動作を始める。この時、それと同時にショットキー接合を通る電流伝導も併せて存在するため、その逆回復電流は pin ダイオードに比べると低く

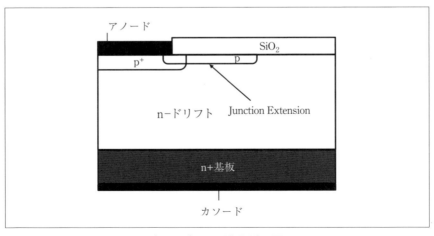

〔図 5.7〕JTE 構造断面図

することができる。このモードで動作している場合、JBS ダイオードは Merged pin ショットキーダイオード（MPS ダイオード）と呼ばれる [16]。4H-SiC はそのバンドギャップエネルギーが広いため、pn 接合における拡散電位差は、室温で約 2.5 V 程度の大きな電圧を持つ。したがって SiC-MPS ダイオードの順方向電圧降下は 2.5 V を超え、シリコンダイオードと比較すると極めて高くなる。そのため、耐圧 600–3300 V クラスの素子適用では、MPS ではなく JBS ダイオードとして使用するのが適している。しかしながら通常の動作とは異なり、ダイオードを通って大電流（サージ電流）が導通するような、突然の異常動作モード、たとえばモータ回生動作時の大電流サージ電流、がパワエレ装置でまれに生じることがある。この大サージ電流が、たとえば pn セル接合が内蔵されていない純粋な SiC-SBD を流れると、SBD はユニポーラ素子であるため素子抵抗が高く、その結果、アノードとカソードの電極間で 10 V を超える非常に大きな順方向電圧降下が発生してしまう。その結果、素子内の大きな電力損失のためにデバイスが破壊することがある。ところが、SiC-JBS ダイオードの場合、2.5 V 以上の順方向電圧が印加されるとバイポーラ動作を伴う MPS ダイオードとして動作するため、抵抗が一気に低下し、SiC-JBS ダイオードの順方向電圧降下は数 V 程度に低下し、前述の SBD にくらべ非常に小さくなる。この結果、SiC-SBD と比較したときの電力損失ははるかに小さくなり、JBS ダイオードは大サージ電流導通のような、過酷な動作環境に耐えることができる。文献 [17] によると、SiC-MPS ダイオードの順方向動作により、純粋な SBD の 2〜3 倍大きなサージ電流密度耐量が可能になり、IFSM 値（サージ非反復順方向電流、正弦半波、10msec）は定格電流の約 8〜9 倍と大きく、その結果、順方向サージ耐量 J^2t 定格を約 5 倍向上させることができる。

・アバランシェ耐量

　実際のパワエレ装置において、SiC ダイオードは高い破壊耐量を持つことが必要となる。SiC-JBS ダイオードの設計では、逆方向もれ電流とオン電圧のトレードオフ改善のためのショットキー界面での電界低減ならびに p+ 領域とショットキー領域の面積比の最適化、さらに前述のサ

★第5章　SiCパワーデバイス

ージ電流耐性確保のための p+ 層構造最適化を行う必要がある。しかしながら JBS ダイオード構造では、逆方向電圧印加時の最大電界は常にp+ 領域の底部で生じることとなる。ここで重要な点は、周辺耐圧構造部での耐圧が、活性領域部の耐圧よりも常に高くなるように設計する点にある。別の言い方をすると、アバランシェ降伏は活性領域内のセル内p+ 領域底部で常に発生するように設計する、ということになる。こうすることで、アバランシェ降伏によって発生した正孔は p+ を通ってアノード電極へ、また電子はn−ドリフト層、n+ 基板を通ってカソード電極にそれぞれ掃き出されることとなる。このような設計概念のもとに設計した SiC-JBS ダイオードの試作結果が公表されている [18-20]。たとえば文献 [18] において、1200 V SiC-JBS ダイオードにおいて、最大電界が常に活性領域の p+ 領域に発生するように設計することで、5000 mJ / cm^2（@25℃）以上という極めて高いアバランシェ耐量を示し、そしてこの特性はシリコン pin ダイオードよりも一桁以上大きかったと報告されている。またこの測定において、SiC-JBS デバイスの破壊点が活性領域内に確認されたとしている。また文献 [19] では、2 つの異なる p 層の濃度の JTE 構造を持つ SiC-JBS ダイオードの耐量を実験とシミュレーションにより解析した。JTE 構造部を最適設計し、その耐圧が最大値を示す素子ではアバランシェ耐量が十分大きかったのに対し、JTE 構造部の耐圧が低い素子では、アバランシェ破壊点が JTE 構造の p+/p− 部にあることを確認し、なおかつアバラシェ耐量も低い、と報告している。

５．４．５　シリコン IGBT と SiC-JBS ダイオードのハイブリッドモジュール

　前節にて説明したように、SiC-JBS ダイオードが非常に高い破壊耐量を実現できたため、これを FWD として活用し最新シリコン IGBT と組みあわせることで、新型のハイブリッド IGBT モジュールとして新たに製品開発がなされるようになった。SiC-JBS ダイオードはその逆回復損失が低く、かつその温度依存性も極めて小さいので、特に高温でのターンオン損失ならびに逆回復損失がシリコン pin ダイオード搭載の IGBT モジュールに比べ、それぞれ 51％、ならびに 77％ も低減できたとの報

− 178 −

告もある [15]。また SiC-JBS ダイオードを搭載しても、IGBT モジュールの導通損失やターンオフ損失にはほとんど影響を及ぼさないことから、ハイブリッド型 IGBT にすることで、モータ駆動用インバータシステムの損失を従来 IGBT モジュールに対し、約 35 ％ も低減できたとしている（@ 直流バス電圧 V_{bus} = 600 V、キャリア周波数 f_c = 20 kHz）。これは、SiC-JBS ダイオードの非常に低い逆回復損失が、IGBT ターンオン時の損失低減に効果的であり、インバータ効率の大幅な向上につながることを意味する。またこの結果は、SiC-MOSFET と SiC-JBS ダイオードを組み合わせたオール（フル）SiC-MOSFET モジュールの誕生につながり、さらに大きな効率向上が実現できることを意味している。

5.4.6　SiC-pin ダイオードの順方向劣化

4H-SiC pin ダイオードに順方向にバイアスして pin ダイオードにバイポーラ電流を導通させると、順方向電圧降下が時間経過とともに徐々に増大していく現象を、SiC-pin ダイオードの順方向電圧劣化（Vf 劣化）と呼び、SiC デバイスの長期信頼性実現に対する大きな問題となっている（図 5.8 参照）。2001 年、P. Bergman らは SiC-pin ダイオードのバイポーラ動作による順方向電圧の劣化と SiC 基板内の基底面転位（Basal Plane Dislocation :BPD）から生じる積層欠陥（Stacking Fault :SF）拡大の相関関係を報告した [21]。そして、この順方向劣化のメカニズムについて、以下のように説明した [22]。

1) 少数キャリアの注入とそれに引き続いて起こる電子・正孔の再結合の後、Shockley Stacking Fault（SSF）の核形成ならびにその拡大が、前記 BPD の存在する箇所、または n− ドリフト層となる n−エピタキシャル層に複製された他の転移の基底面にて発生する

2) 拡大した SSF は、少数キャリアのライフタイムを著しく低下させ、かつ電子・正孔キャリアの導通の大きなバリアとなり、その結果導通抵抗が上昇する

3) このことが pin ダイオードの順方向電圧降下の増大をもたらす

このSSFが拡大するメカニズムは4H-SiC材料固有のものであると考えられている。そのため、前記核形成部位を完全に除去することがSiC pinダイオードの開発に必要不可欠となる。n−エピタキシャル層に複製されたBPDからのSSF拡大を防ぐため、エピタキシャル層中において、BPDから貫通刃状転位（Threading Edge Dislocation: TED）への変換が必要となる。BPDからTEDへの変換が、わずかに炭素リッチな成長条件において促進されるとの報告もなされている [23]。また、エピタキシャル成長前の適切な水素エッチングも有効であり、さらにエピタキシャル層中のBPD密度は、エピ成長速度の増加と共に減少する傾向があるとも報告されている。このような方策によって、n−エピタキシャル層のBPD密度は $0.1 \mathrm{~cm}^{-2}$ 以下にまで抑えられたとしている。

さらに、SiC-pinダイオード設計の観点からこの順方向劣化を抑制する構造が発表された [24]。これによると、少数キャリアのライフタイムの短い、窒素（N）とボロン（B）をドープしたnバッファ層（再結合促進層）をn+基板とn−ドリフト層の間に挿入することで、SSFの拡張と順

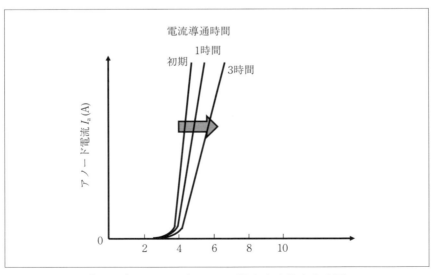

〔図5.8〕SiC-pinダイオード順方向劣化を表す図

方向劣化の抑制に効果的であることが実証された。この再結合促進層挿入によって、図 5.9 に示すように、p アノードから注入された正孔を n バッファ層内で再結合により消滅させ、BPD が多く存在する n+ 基板まで到達できないようにしているのである。厚さ約 2 μm の n バッファ層（N+B）を持つ pin ダイオードを作成し評価したところ、窒素濃度 4.0×10^{18} cm^{-3} およびボロン濃度 7.0×10^{17} cm^{-3} で、この領域のライフタイムが 30 nsec（@250℃）となった。そして、16 個の pin ダイオードに順方向に 600 A/cm^2 の電流を導通しても、順方向劣化はほとんど確認されず、SSF の拡大も見られなかったとしている。

　SiC-pin ダイオードの順方向劣化は、pin ダイオードに代表される SiC バイポーラデバイスの開発における最も重要な課題である。その解決のため、n−エピタキシャル成長中の BPD から TED への変換率の向上やデバイスプロセス中の BPD 核形成の排除のみならず、再結合促進層の

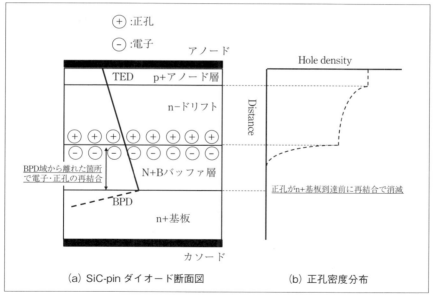

〔図 5.9〕(a) N+B バッファ層付き SiC-pin ダイオード断面図 (b) 順方向電流導通時の正孔密度分布

− 181 −

※第5章　SiCパワーデバイス

最適化が今後の SiC バイポーラデバイス実用化のキーポイントとなるであろう。

5.5 SiC-MOSFET

　最初の縦型 SiC-MOSFET はトレンチゲート構造であった [25]。トレンチ MOSFET 構造は、高チャネル密度が達成可能で、なおかつ JFET 抵抗がないことにより、低耐圧シリコン MOSFET にて大幅な特性向上をもたらした。これは、SiC-MOSFET でも魅力的であった。当時の SiC トレンチ MOSFET は、高温での不純物イオン注入やそれに続くさらに高温での熱処理を必要としないエピタキシャル膜成長によって、p ベース層や n+ ソース層を形成した。しかしながら、SiC トレンチ MOSFET にはシリコンにはない特有の弱点があった。それは、トレンチゲート底部付近でのゲート酸化膜の破壊である。ドレイン電極に正の高電圧を印加される順方向阻止状態の時、SiC の p ベース /n−ドリフト層接合には、SiC の破壊電界強度 E_c に近い、シリコンのほぼ 10 倍の高電界が印加される。この時、トレンチゲート底部での酸化膜の電界（E_{ox}）は、SiC 中の電界強度（E_s）に、シリコン酸化膜 SiO_2 と SiC の誘電率比（$\frac{\varepsilon_s}{\varepsilon_{ox}}$）に相当する 2.5 倍を乗じた高電界になる（式 5.8 参照）。

$$Eox = \frac{\varepsilon_s}{\varepsilon_{ox}} Es \quad \cdots\cdots\cdots\cdots\cdots\cdots\cdots\cdots\cdots\cdots\cdots\cdots\cdots\cdots \quad (5.8)$$

　もし、SiC 半導体側の電界強度 E_s が破壊電界強度 E_c に近い $E_s = 3.0$ MV/cm と仮定すると、SiO_2 の電界強度は 7.5 MV/cm となり、SiO_2 破壊の危険が生じる。さらにトレンチゲート構造の幾何学的な構造の効果も相まってゲート酸化膜には非常に大きな電界が印加されるのである。この酸化膜破壊を回避する構造として Sic プレーナ MOSFET が発表された [26]。

　技術も大きく進展し、現在では 600 V から 1700 V クラス、最近では 3300 V クラスで数十アンペア以上の電流導通能力を有する大面積で量産レベルの縦型素子の発表が目立ってきている。またその素子耐圧はシリコンパワー MOSFET にくらべ高く、シリコン IGBT とほぼ同等のレベルとなっている（図 5.10 参照）。これは、前述のように SiC の破壊電界強度 E_c がシリコに比べ約一桁大きいために、およそ 10 分の 1 の厚さと 10 倍の不純物濃度で n−ドリフト層を設計できるため、高耐圧で低

－ 183 －

抵抗デバイスができる、という特徴を有しているからである。さらにSiC-MOSFETはユニポーラデバイスであるためスイッチング損失がシリコンIGBTに比べ大きく低減でき、また順方向電流の導通経路にpn接合の無いことから、その電流・電圧特性に拡散電位差が無く、一層の低オン抵抗特性の実現が可能になるのである。その結果、xEVに搭載されるパワーコントロールユニット（PCU）等のパワエレ装置の、一層の小型化が期待される。SiC-MOSFETの基本セル構造は、図5.11に示すように、シリコンと同様のプレーナゲート構造ならびにトレンチゲート構造となる。一見するとシリコンパワーMOSFETとその構造はほとんど同じであるが、SiC材料物性上の特徴から、その素子作成プロセスはシリコンの場合と異なる点が多く、また素子構造面においてもSiC-MOSFET特有の工夫を要する点も存在する。さらに、SiC/SiO$_2$界面移動度の低下や、内蔵pnダイオードの長期信頼性の確保が困難であるとい

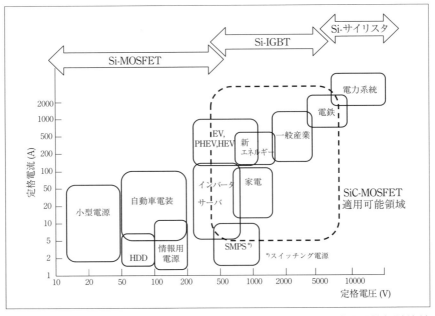

〔図5.10〕シリコンパワーデバイスの適用領域とSiC-MOSFETの適用可能領域比較

うSiC-MOSFET特有の課題も今なお存在する。最近になり、ゲート酸化プロセス技術や表面荒れ低減技術、さらには信頼性評価技術等の進歩により、SiC-MOSFETの長期信頼性は大幅に向上し、その結果SiC-MOSFETもxEVや電鉄用途などに展開されるようになってきた。今後より一層の低損失化、高信頼性化を目指すためは、シリコンパワーMOSFETやIGBTと同様に、プレーナゲート構造からより微細なセル構造を実現できるトレンチゲート構造へ移行し、さらなる技術の進歩がなされると予想される。

SiC-MOSFETにおける、耐圧特性やオン抵抗などの静特性、さらには、スイッチング特性などの動特性については、第2章で述べたシリコンMOSFETの内容がそのまま適用できる。本章では、SiC-MOSFET特有のプロセス技術や設計技術を中心に述べることとする。

5.5.1 SiC-MOSFET作成プロセス

SiC-MOSFETのセル構造は、前述のとおりシリコンMOSFETとほぼ同じである。しかしながらそのプロセス設計は前節で述べたSiC-JBSダイオードと同様、イオン注入条件や、不純物アニール時の温度が1600℃

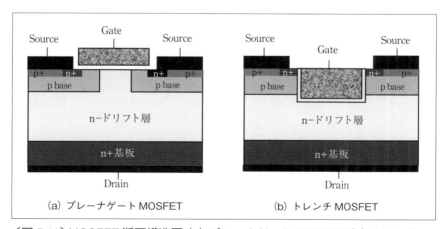

〔図5.11〕MOSFET断面構造図（a）プレーナゲートMOSFET（b）トレンチMOSFET

❋第 5 章　SiC パワーデバイス

〜 1800℃といった高温が必要なことなど、シリコン MOSFET のそれとは大きく異なる。そのため、例えばシリコン MOSFET での微細 MOS チャネル部形成のキープロセスであるセルフアラインプロセス、ゲートポリシリコン電極をマスクにした p ベース層、n+ ソース層のイオン注入ならびにそれに引き続き行われる熱拡散プロセス、が SiC-MOSFET では適用できない。これは、SiC-MOSFET では p ベース層や n+ ソース層のイオン注入後の熱処理プロセスが、前述の通り 1600℃〜 1800℃と高温のため、ゲート酸化膜形成ならびにゲートポリシリコン電極形成の後にこの高温熱処理を行うことができないためである。さらに、シリコンデバイスでは通常に行われているフォトレジストを活用したフォトプロセスが SiC ではそのまま適用できない。これは、SiC へのイオン注入には 300℃〜 500℃の高温条件が必要なため、通常のフォトレジストではこのような高温条件ではフォトレジスト自体に大きなダメージが発生し、レジストとしての役目を果たせないのである。そのため、SiC パワーデバイスでのイオン注入は、手間はかかるがシリコン酸化膜（SiO_2）をその都度成膜しパターニングして実施している。これに関しては最近、SiC パワー半導体デバイス用として、高温（300℃程度）でも使用可能なフォトレジストの開発も報告されており、SiC パワー半導体デバイス特有のプロセスを簡便化する技術開発も進展してきている [27]。

　図 5.12 に SiC プレーナ MOSFET の素子作成プロセス例の概要を示す。プロセスステップは以下の通りである。

1) n+ 基板上に n−エピタキシャル層が成膜された SiC ウェハを準備
2) n−エピタキシャル膜上にイオン注入用保護膜として熱酸化膜（SiO_2）を成膜
3) 酸化膜パターニング後、デバイス活性領域内の p ベース領域および素子終端領域内の p+ ガードリング形成のための、アルミニウムイオン（Al イオン）をイオン注入
4) 同様に、n+ ソース層形成のため、リン（P イオン）もしくは窒素（N イオン）を注入
5) さらに p+ コンタクト層形成のため Al イオンを注入

－ 186 －

6) カーボンキャップ膜を成膜後 1600～1800℃でアニール処理
7) ゲート酸化膜を成膜。厚さは、通常は 50 nm-100 nm。熱酸化もしくは化学的気相成長法（Chemical Vapor Deposition: CVD 法）で成膜後、熱処理
8) ゲート電極として CVD 法を用いて不純物をドープした多結晶シリ

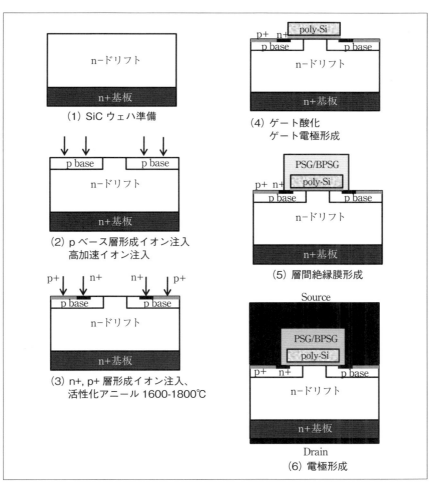

〔図 5.12〕SiC プレーナ MOSFET 素子作成プロセス概略図

コン膜を成膜。厚さは 500-800nm 程度。その後熱処理

9) ドライエッチング法にてゲートポリシリコン層をエッチング

10) その上に、層間絶縁膜として絶縁膜を成膜。リンガラス（Phosphorus silicate glass（PSG）/ Boro-phosphorus silicate glass（BPSG））の成膜が一般的（厚さ 800 nm 〜 1 μm）

11) 上記層間絶縁膜をドライエッチングし、ソース電極用コンタクトホールを形成

12) ソース電極ならびにドレイン電極とオーミックコンタクトを形成するため、ニッケル（Ni）を成膜し、1000℃程度の熱処理を実施。

13) 素子表面に厚膜アルミニウム電極を形成し、その上に保護膜（ポリイミド等）を成膜

14) Ti/Ni/Au（金）（または Ag（銀））層をウェハの底部に成膜

SiC-MOSFET はシリコン MOSFET と同様に、n 型ならびに p 型不純物層を非常に広範囲の濃度で、かつ正確にイオン注入法によって形成できるという特徴を有している。しかしながらイオン注入した不純物の熱拡散はほとんど期待できない、またイオン注入後の不純物の活性化には1600 〜 1800℃の高温が必要である、などシリコンの場合と非常に異なるプロセスが必要となる。さらに注意すべきは、3) 〜 5) の p ベース層、n+ ソース層等のイオン注入とその後の 1600 〜 1800℃の高温アニール処理により SiC 表面が非常に荒れてしまい、その結果 MOS チャネル部の移動度が低下してしまう恐れがある点である。それを防ぐ手法として、6) に示したカーボン層を SiC 表面に成膜し高温熱処理することで表面荒れを防ぐ手法が開発され、SiC-JBS ダイオードを含め、現在では産業界でも適用されている。それに加え、SiC では、特に高いドーズ量のイオン注入の場合、イオン注入時に 300 〜 500℃程度の比較的高温の条件下でイオン注入をしないと、その後の熱処理で結晶欠陥が回復しない、という特徴もある。このように、SiC-MOSFET の作成プロセスは、シリコン MOSFET のプロセスをそのまま水平展開できない箇所が多いことを認識しなくてはならない。

図 5.12 にも示したが、SiC-MOSFET の場合の p ベース層ならびに n+ソース層の形成はゲート酸化膜形成ならびにそれに続くゲートポリシリコン形成の前に行わなくてはならない。これは、第 2 章の 2.2 節で説明したシリコン MOSFET の自己整合プロセスが適用できないことを意味している。ここでいう自己整合プロセスは、2.2 節で述べたように、ゲートポリシリコン電極の左もしくは右端を共通に、n+ ソース層としての n 型不純物イオンと、p ベース層形成用 p 型不純物イオンをそれぞれイオン注入し、その後の熱処理によって不純物イオンの拡散係数の違いを利用してチャネル部を形成することである。この手法により、MOSFET のオン抵抗やゲートしきい値電圧などの重要特性を決めるチャネル部分を安定的に形成できるという特長を有する。しかしながら、SiC-MOSFET の場合、イオン注入した不純物の活性化に 1600 〜 1800℃の高温が必要となるため、SiC-MOSFET にこの手法をそのまま適用すると、ゲート酸化膜がこの高温にさらされ酸化膜特性が非常に劣化してしまう。そのため、SiC-MOSFET の場合、高温アニールによって p ベース層や n+ ソース層をした後に、ゲート酸化膜・ゲートポリシリコン成膜の順番になる。その結果、シリコン MOSFET のような自己整合プロセスが適用できない。p ベース層、n+ ソース層ならびにゲートポリシリコン間の寸法誤差を許容しなくてはならず、たとえば MOS 部のチャネル長短縮化実現に関し、多少の困難さが残ることになる。

５．５．２　ソース・ドレイン間の耐圧設計

　2.2.6 節で述べたシリコン MOSFET におけるソース・ドレイン間の耐圧特性に関し、SiC-MOSFET に置き換えて考えてみる。図 5.13 に SiC-MOSFET において、ドレイン電極に高電圧が印加された状態（順方向阻止状態）における電界分布ならびに空乏層の拡がり方の概略図を示す。SiC-MOSFET のドレイン・ソース間の耐圧特性は、シリコンの場合と同様、①p ベース層と n−ドリフト層で形成される pn 接合の逆バイアス特性もしくは②ゲート電極と n−ドリフト層で構成される MOS キャパシタンス耐圧によって決まる。図 5.14 に②MOS キャパシタンス部の電

界分布を示す。この図は、順方向阻止状態における図5.13のA-A'線上での電界分布を表したものである。ドレイン電極に大きな電圧を印加することでゲート酸化膜にも電界が印加されることがわかる。その最大の電界強度の値は、ガウスの法則からSiCの最大電界強度E_cをその破壊電界強度（3.0×10^6 V/cm）とすると、シリコンとSiO_2の誘電率の比をかけた値となり、最大で約7.5×10^6 V/cmとなる。これは2.2.6節のシリコンMOSFETの場合の約8倍で、SiO_2の絶縁破壊電界強度（約1.0×10^7 V/cm）に極めて近い高電界となる。よって、SiC-MOSFETの場合は、たとえプレーナMOSFETであってもMOSキャパシタンス部での酸化膜破壊に対しては注意が必要で、酸化膜での電界強度を4 MV/cm（4.0×10^6 V/cm）以下に抑えることが必要であると言われている[5]。

　さらにSiCでは、pベース層の不純物濃度と厚さの設定に十分注意を払わなくてはならない。これも2.2.6節にて議論したが、ドレイン電極に高電圧が印加されるとn−ドリフト層に空乏層が拡がると述べたが、

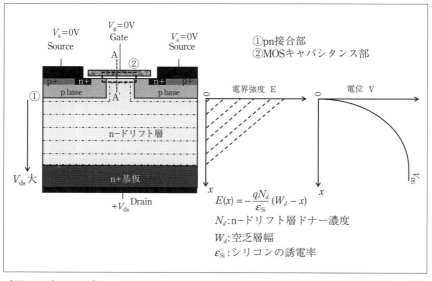

〔図5.13〕SiCプレーナMOSFET順方向阻止状態での空乏層の拡がりとpn接合電界分布

n−ドリフト層よりも高濃度のpベース層にも空乏層は拡がる。もしpベース層不純物濃度が低い、もしくは厚さが不十分な場合、pベース層に拡がった空乏層がn+ソース層に到達する、いわゆるリーチスルー状態となり、n+ソース層から電子が空乏層中に流れ出す。その結果素子耐圧を劣化させることにつながってしまう。pベース層内に拡がる空乏層幅 W_p は式 (2.14) でも示したが、以下のようになる。

$$W_p = \frac{\varepsilon_{SiC} E_j}{q N_A} \quad \cdots\cdots\cdots\cdots\cdots\cdots\cdots\cdots\cdots\cdots\cdots\cdots\cdots\cdots\cdots\cdots\cdots\cdots \quad (5.9)$$

ここで N_A は p ベース層の不純物濃度、q は素電荷 ($q = 1.6 \times 10^{-19}$ C)、ε_{SiC} は SiC の誘電率である。空乏層のリーチスルーを生じさせない最小の p ベース厚さ t_p は、上式の電界強度 E_j が SiC の最大電界強度 E_c に達

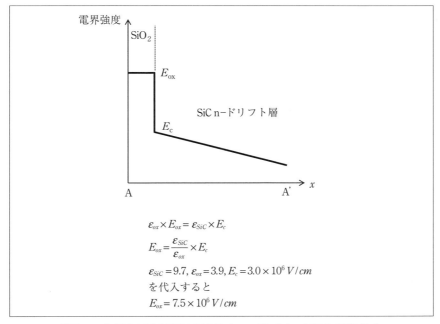

〔図 5.14〕SiC-MOSFET MOS キャパシタンス部の電界分布
(図 5.14 A-A' 線上)

した際の値であり、以下の式で表すことができる。

$$t_p = \frac{\varepsilon_{SiC} E_c}{q N_A} \quad \cdots\cdots\cdots\cdots\cdots\cdots\cdots\cdots\cdots\cdots\cdots\cdots\cdots\cdots\cdots\cdots\cdots\cdots \quad (5.10)$$

最大電界強度がおよそ 3.0×10^6 V/cm となりシリコンの約 10 倍なるため、最小の p ベース厚さはシリコンに比べ厚くする必要がある。その結果、MOSFET のチャネル長を短くすることが難しく、微細化による低オン抵抗化の設計自由度が低くなる。

5.5.3 プレーナ MOSFET のセル設計

まず、2007 年に発表されたプレーナ MOSFET[28] を例に、SiC プレーナ MOSFET のセル設計について説明する。図 5.15 に素子断面構造図を示す。表面をシリコン面 ((0001) 面) とし、この面に MOS チャネルを形成する。この構造の特徴は、p ベース間距離、つまり JFET 間隔を 1.0 μm まで狭めることで順方向阻止状態におけるゲート酸化膜への最大電界強度を 4 MV/cm 以下に抑えることでその信頼性を向上させ、なおかつ p ベース層下に n 型の電流拡がり層 (n 型 Current spreading layer: nCSL

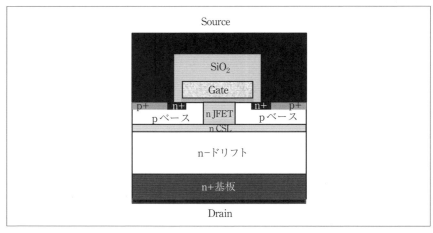

〔図 5.15〕SiC プレーナ MOSFET 素子断面例 [28]

層)を設けることやチャネル長を 0.5 μm と短くすることでオン抵抗を低減する点にある。これにより、耐圧 1050 V で特性オン抵抗 $R_{on,sp}$ が 6.95 mΩcm^2 と、当時としては非常に良好な特性を示す MOSFET の試作に成功した。この 1050 V という耐圧特性は、酸化膜の破壊ではなく pn 接合のアバランシェ降伏で決まっている、としている。この MOSFET は、いわゆるストライプ型のセル構造であったが、シリコン MOSFET 同様、総チャネル幅を大きく取るための四角形や六角形セルを SiC プレーナ MOSFET に適用することで、さらに低オン抵抗を実現する MOSFET も発表された [29]。たとえば、耐圧 900 V 素子で特性オン抵抗 $R_{on,sp}$ が 2.3 mΩcm^2、また耐圧 15 kV という超高耐圧で、特性オン抵抗 $R_{on,sp}$ が 208 mΩcm^2 などを実現した。これら良好な特性は、n+ 基板や n−エピタキシャル層の品質改善だけでなく、セル設計に代表されるデバイス設計の最適化やその作成プロセスの改良によって達成できたとしている。さらに、プレーナ MOSFET 構造の別の例として、p ベース層ならびに n+ ソース層形成にエピタキシャル法とイオン注入法とを組み合わせた IE-MOSFET(Implantation and Epitaxial MOSFETs)がある(図 5.16 参照)[20, 30]。この素子の特徴はエピタキシャル法を用いて比較的不純物濃度の低い p ベース層を形成し、かつその下に高濃度の p+ 層を設けることで、MOSFET の反転層が形成される p 層表面の不純物濃度を低くし、かつ表面荒れを極力抑えることでチャネル移動度を向上させ、低オン抵

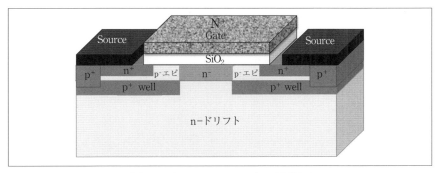

〔図 5.16〕IE-MOSFET 表面構造図

※ 第 5 章　SiC パワーデバイス

抗を実現するという点にある。これと、六角形セルを組み合わせることで、耐圧 600 V 素子で特性オン抵抗 $R_{on,sp}$ が 1.8 mΩcm^2 を実現した。このように、SiC の材料物性の特徴を極力生かすことによって、良好な特性を示す SiC プレーナ MOSFET が次々と開発されてきたのである。

5.5.4　SiC トレンチ MOSFET

　トレンチ MOSFET はゲート電極を SiC 層内に細長く埋め込むことで単位セルのセルピッチがプレーナ MOSFET に比べ微細にできることで、総チャネル幅が長くなるという特徴を有する。またプレーナ MOSFET と異なり、電子の導通経路に p ベース層が向かい合う領域が無くなることで JFET 抵抗が存在しないという特徴を併せ持つことで、トレンチ MOSFET はプレーナ MOSFET に比べそのオン抵抗を十分低減できるようになった。これは、シリコンであっても SiC であっても変わらない普遍的な特徴である。しかしながら、SiC を使ってのトレンチ MOSFET の実現には SiC デバイス特有の設計が必要となる。前述のように SiC トレンチゲート底部の酸化膜には、その形状も相まって SiO$_2$ の絶縁破壊電界強度に近い電界が印加される可能性が高く、この高電界によりゲート酸化膜破壊が発生する可能性が極めて大きい。そのため、SiC トレンチ MOSFET においては、シリコン MOSFET デバイスでは到底必要のない、図 5.17 や 5.18 に示すようなトレンチゲート底部、さらにトレンチゲートよりも深い場所に p 層を設けることでゲート酸化膜を高電界から保護する必要がある。そしてこの構造を適用することでゲート酸化膜に印加される電界を小さくすることができ、これにより SiC トレンチ MOSFET の実現に成功した [12, 31]。これは SiC トレンチ MOSFET 特有の設計技術である。さらに、トレンチ MOSFET は、MOS チャネルがプレーナ MOSFET と異なり (11$\bar{2}$0) 面（a 面）または (1$\bar{1}$00) 面（m 面）となるため、その MOS チャネル移動度がプレーナ MOSFET よりも大きく、またゲートしきい値も高くなる傾向にあるとの報告がある [32-34]。そのため、より一層の低オン抵抗化が期待できるのである。

－ 194 －

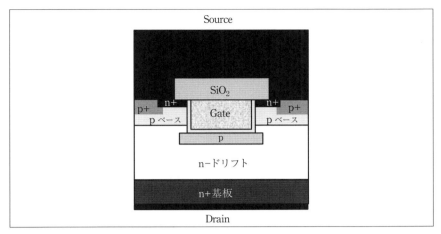

〔図 5.17〕SiC トレンチ MOSFET 断面構造（p 層をトレンチ底部に設けた例）

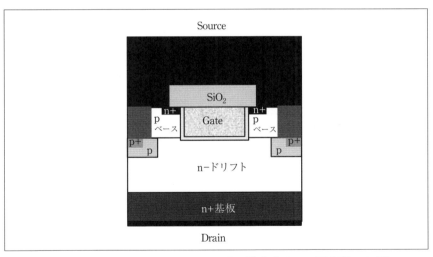

〔図 5.18〕SiC トレンチ MOSFET 断面構造（深い p 層を設けた例）

5．5．5　SiC トレンチ MOSFET 作成プロセス

　図 5.19 に SiC トレンチ MOSFET の素子作成プロセス例の概要を示す。またプロセスステップは以下の通りである。

　1) n+ 基板上に n-エピタキシャル層が成膜された SiC ウェハを準備

- 195 -

● 第5章　SiCパワーデバイス

2) n−エピタキシャル膜上にイオン注入用保護膜として熱酸化膜（SiO$_2$）を成膜
3) 酸化膜パターニング後、デバイス活性領域内のpベース領域およ

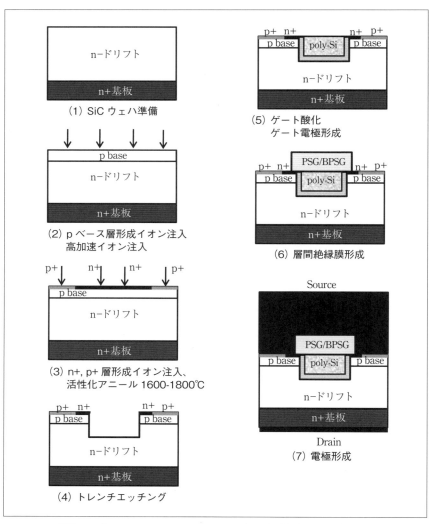

〔図5.19〕SiC トレンチ MOSFET 素子作成プロセス概略図

− 196 −

び素子終端領域内の p+ ガードリング形成のための、アルミニウム
イオン（Al イオン）をイオン注入

4）同様に、n+ ソース層形成のため、リン（P イオン）もしくは窒素（N
イオン）を注入

5）さらに p+ コンタクト層形成のため Al イオンを注入

6）カーボンキャップ膜を成膜後 1600 〜 1800℃でアニール処理

7）マスク酸化膜成膜、パターニング・エッチング後、SiC をドライエッ
チングしトレンチを形成

8）ゲート酸化膜を成膜。厚さは、通常は 50 nm-100 nm。熱酸化もし
くは化学的気相成長法（Chemical Vapor Deposition: CVD 法）で成膜
後、熱処理

9）ゲート電極として CVD 法を用いて不純物をドープした多結晶シリ
コン膜をトレンチに埋め込み、成膜。その後熱処理

10）ドライエッチング法にてゲートポリシリコン層をエッチング

11）その上に、層間絶縁膜として絶縁膜を成膜。リンガラス
（Phosphorus silicate glass（PSG）/ Boro-phosphorus silicate glass
（BPSG））の成膜が一般的（厚さ 800 nm 〜 1 μm）

12）上記層間絶縁膜をドライエッチングし、ソース電極用コンタクト
ホールを形成

13）ソース電極ならびにドレイン電極とオーミックコンタクトを形成
するため、ニッケル（Ni）を成膜し、1000℃程度の熱処理を実施。

14）素子表面に厚膜アルミニウム電極を形成し、その上に保護膜（ポ
リイミド等）を成膜

15）Ti/Ni/Au（金）（または Ag（銀））層をウェハの底部に成膜

5．5．6　SiC-MOSFET の破壊耐量解析

SiC-MOSFET は、図 5.10 に示した通り、シリコン IGBT とその適用電圧・
電流範囲が近いことから、適用が期待されるアプリケーションも類似し
ている。ということは、xEV モータ駆動制御アプケーションにおいて
シリコン IGBT に必要とされるレベルの破壊耐量が、SiC-MOSFET にも

要求されることになる。つまり第3章3.7節で述べたような、実使用上問題のないレベルの破壊耐量を有することが要求される。このようなことから、高電圧・大電流が同時に、しかも比較的長い時間（数μsec）印加されるモードである負荷短絡時の破壊耐量に関し、最近になり多くの論文が発表されており詳細な解析がなされている [33, 35-37]。SiC-MOSFET 負荷短絡時の典型的な電圧電流波形を図 5.20 に示す。これは 1200V 耐圧の SiC-MOSFET に対し、直流入力電圧 800 V を印加した時の実測波形であり、その測定回路は図 3.16 に示した IGBT 評価のものと同じである。図 5.20 に示した波形は、シリコン IGBT 負荷短絡評価の時の波形（図 3.16 参照）とほとんど同じであることがわかる。またその破壊メカニズムも、3.7節で述べた内容のもので説明できる。特にSiC-MOSFET の場合、チップサイズがシリコン IGBT よりも小さく設計されることが多く、かつそのオン抵抗が極めて低いことから、負荷短絡時に素子内を流れる単位面積当たりの電流（電流密度）がシリコン IGBT に比べ大きくなる傾向にある。その結果、負荷短絡時の破壊はエネルギー破壊によるものが多い。負荷短絡時のSiC-MOSFET内の電界強度は高く、

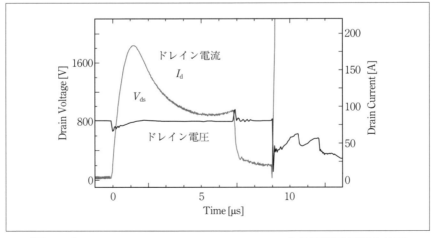

〔図 5.20〕1200V クラス SiC トレンチ MOSFET 負荷短絡耐量測定波形
（@Vg=+20 V/-4V, 25℃）（筑波大学パワエレ研究室にて測定）

破壊電界強度（約 3.0×10^6 V/cm）に近い電界が印加されている。このことから、SiC-MOSFET の負荷短絡耐量評価時の素子内発生エネルギー密度はシリコン IGBT に比べ極めて高くなり、その結果、上述したようなエネルギー破壊によるものが多く見られるのである。図 5.20 に示すドレイン電流波形を見ても、電流が流れてから 5 µsec 程度経過のちに少しずつドレイン電流が増加し、その後ゲートオフ後、数 µsec 後にドレイン電流が急増し破壊している。これは、上記エネルギー密度が高くなることで素子内温度がたとえば 1700 K 以上なり、そのことでワイドバンドギャップ半導体である SiC においても正孔密度が増加、この増加した正孔が n+ ソース層近傍の p ベース層を通過してソース電極に流れることで寄生 npn トランジスタがオンする。そしてこの寄生 npn トランジスタが動作することでさらに温度が上昇し、上記動作が正帰還に入り、ついには素子が破壊に至ると説明されている [36]。この破壊モードはシリコン IGBT で報告されている破壊モードに類似したメカニズムであるが [38]、SiC の特徴として、そのエネルギーギャップがシリコンの約 3 倍の 3.26 eV もあるために、上記 1700 K といったシリコンでは到底耐えることのできない高温でも耐えることができるのである。SiC-MOSFET は SiC のみでできているのではなく、表面アルミ電極やゲート酸化膜などでも構成されているため、当然ながらその負荷短絡動作においては、それら SiC 以外の部分も非常な高温条件下にさらされることになるになる。具体的には、ゲート酸化膜も 1700 K に近い高温条件になるため、負荷短絡期間中にゲート酸化膜を通してゲート・ソース電極間に大きなもれ電流が流れ、それに伴いゲート・ソース間のショート破壊などが観測されている [35, 37]。さらに、MOSFET チャネル部も同様の高温条件になるので、ゲートしきい値電圧が大きく減少することでノーマリーオン状態となり、その結果、たとえばゲートオフ信号として $V_{ge} = -4$ V を入力して MOSFET をオフさせても、チャネルからの電子電流がオフしきれずに、ついには破壊に至る、などの現象も報告されている [35]。これらの破壊モードはシリコン IGBT ではほとんど報告されておらず、ワイドバンドギャップ半導体である SiC-MOSFET 特有の現象であるといえる。

●第5章　SiCパワーデバイス

　このように、SiC-MOSFET の破壊耐量解析も負荷短絡耐量解析を中心に進展し、たとえば SiC-MOSFET への電圧・電流印加条件別の破壊メカニズムの明確化などもなされ、破壊耐量向上に向けての SiC-MOSFET 設計技術も大きく進展している。

5.6 最新の SiC-MOSFET 技術

5.6.1 SiC superjunction MOSFET

　耐圧 500 ～ 700 V クラスの高耐圧シリコン MOSFET において、そのオン抵抗を大きく低減することが可能で製品実績もある superjunction (SJ) 構造を、SiC-MOSFET へも適用する取り組みがなされている。SiC n+ 基板上にマルチエピタキシャル法を使って 2.5 μm 幅、5.5 μm の高さの n/p ストライプ層をメガエレクトロンボルト（MeV）級の超高加速イオン注入技術を使って作成し、その耐圧特性とオン抵抗の評価を行った [39]。その結果、耐圧 1545V、特性オン抵抗 $1.06\ \mathrm{m\Omega cm^2}$ という、SiC の耐圧－特性オン抵抗理論線とほぼ同等の特性を得ることに成功した。この結果から、SiC においても SJ 構造を適用することで、素子耐圧を高く保ちながらもそのオン抵抗を低減することができることが示された。そしてこの結果を受け、SJ 構造を有する SiC-MOSFET が設計ならびに試作されるに至った [40, 41]。2.2.10 節の式（2.43）に示したように、n/p ストライプ層を微細にすることと、その濃度を高く設計することでこの領域でのオン抵抗を下げるのに加え、表面ゲート構造を V 溝トレンチとし、その結晶面を $(0\bar{3}3\bar{8})$ 面にすることで、MOS チャネル部の抵抗低減を図り、素子耐圧 1170 V で特性オン抵抗 $0.63\ \mathrm{m\Omega cm^2}$ という超低オン抵抗を実現した（素子サイズ 0.25 mm □）。その素子断面構造を図 5.21 に示す。また、耐圧 6.5 kV の超高耐圧 MOSFET にも、SJ 構造を組み込んだ素子の試作結果も報告され [42]、SiC においても SJ-MOSFET の今後の進展が大いに期待される。

5.6.2 新構造 MOSFET

　オン抵抗低減に向けての取り組みは、SJ 構造だけでなく、表面ゲートトレンチ構造でもその進展には目を見張るものがある。図 5.22 に 2017 年ならびに 2018 年に発表された新構造素子断面図を示す [43, 44]。この構造の特徴は、深い p+ 層をトレンチゲート構造と並行ではなく直交させるように形成する点にある。これにより、この深い p+ 層のピッチをトレンチ MOSFET セルピッチと独立に設計することができる。電

流導通時の電子電流は、MOS チャネルを通って、トレンチゲートに直交した深い p+ 幅の間を抜け、n−ドリフト層に到達し、ドレイン電極まで流れる。2018 年の発表によると [44]、素子耐圧 1800 V 以上で、特性オン抵抗 $R_{on,sp}$ = 2.04 mΩcm^2（V_{gs} = 20 V, J = 300 A/cm^2, R.T）という良好な特性が得られている。さらに p+ 層をトレンチゲート構造と直交させる構造とすることで、ゲート・ドレイン間容量 C_{gd}（Millar 容量 C_{rss}）を低減できるため、ターンオンならびにターンオフ損失も大きく低減できたと報告している。

SiC-MOSFET の進化は上記低オン抵抗化だけにとどまらず、例えば MOSFET に SBD を内蔵し 1 チップ化した新構造 MOSFET も近年多く発表されている [45-48]。この SBD 内蔵 MOSFET は、本来 MOSFET 構造内に寄生している pin ダイオードではなく、新たに内蔵した SBD を FWD（フリーホイーリングダイオード）として活用することで、逆回復損失の低減ならびに寄生 pin ダイオードの V_f 劣化を防止による信頼性の向上、さらにはインバータ回路内の半導体素子数の低減によるコスト

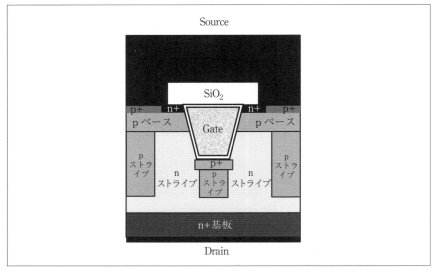

〔図 5.21〕SiC V 溝トレンチ SJ-MOSFET 断面構造 [42]

ダウン実現という、「一石三鳥」を目指したものである。6.5 kV 耐圧素子試作結果 [46] では、表面ゲート構造はプレーナゲート構造で、素子耐圧 7.6 kV、特性オン抵抗 37 mΩcm^2（V_{gs} = 20 V, R.T）という良好な特性を示しており、周辺耐圧構造が比較的長い 6.5 kV 高耐圧素子において、SBD 内蔵の効果を十分に発揮した素子であるといえる。また 1.2 kV 素子で、トレンチ MOSFET に SBD を内蔵した素子の試作結果も報告されている [48]。図 5.23 に素子断面構造図を示す。特性オン抵抗 3.1 mΩcm^2（V_{gs} = 20 V, R.T）と非常に低いオン抵抗特性に加え、内蔵 SBD の逆回復電荷 Q_{rr} も、そのユニポーラ動作のため非常に小さい、という報告がなされている。さらにこの動特性評価結果からも、低 C_{gd} 特性と相まって、ターンオン、ターンオフ損失が非常に小さいという特徴や、その負荷短絡耐量ならびに詳細な破壊メカニズムについても報告された [49, 50]。

このように，より低損失で高信頼性特性実現を目指した SiC-MOSFET

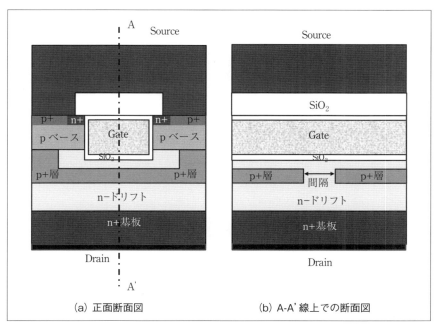

〔図 5.22〕新 SiC トレンチ MOSFET 断面構造 [44]

の開発は今後一層盛んになると思われ、上記課題を解決しながら、次世代自動車だけでなく、より高耐圧素子が必要な新幹線をはじめとした新型高速鉄道用途へもその応用範囲は広がっていくと考えられる。

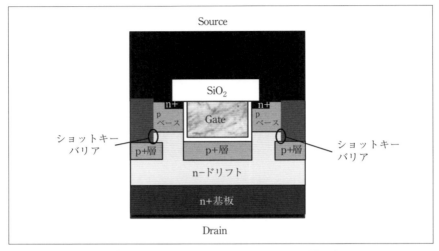

〔図 5.23〕SBD 内蔵 SiC トレンチ MOSFET 構造例 [48]

5.7 SiCデバイスの実装技術

図 5.24 は SiC-MOSFET 用に開発されたモジュールの断面構造例である [51]。この新型モジュールの注目技術として、i) 銅ピン配線、ii) 厚い銅板に接合された Si_3N_4 セラミックス基板の適用、さらには iii) 封止材料としてのエポキシ樹脂が挙げられる。特に封止材料であるエポキシ樹脂は 200℃以上程度まで上昇する SiC デバイスに直接接触するため、高温動作における高信頼性の確保が極めて重要になる。従来のシリコン IGBT モジュールでは、ワイヤーボンディングと DCB（Double Cupper Bond）基板上銅パターンによって、チップと各端子間の配線を行っていた。しかし新型モジュール構造ではワイヤーボンディングは使わずに銅ピン、さらに DCB 基板の銅パターン配線の代わりにチップ上部に配置されたパワー基板配線によって、チップと各端子間の配線を行っている。これにより、ワイヤボンディングエリアおよび銅パターン面積を 50％以上削減することに成功し小型化を実現させている。このモジュール小型化は、高速スイッチング特性の実現にも大きな効果をもたらした。SiC-MOSFET は前述のシリコン IGBT に比べ、高速スイッチングが可能である。しかしながら、この高速スイッチング特性に伴う、高 dI_d/dt 特

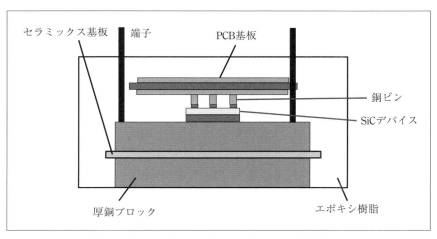

〔図 5.24〕All SiC-MOSFET モジュール断面図 [51]

◆第5章　SiCパワーデバイス

性によるサージ電圧の増大やノイズ発生をもたらす懸念がある。そのため、SiC-MOSFET モジュールとして安心して使用するにはモジュール内部の配線インダクタンスを低減する必要がある。上記技術によるモジュールの小型化実現により、モジュール内電流経路の短縮化に伴う配線インダクタンスの低減が図られ、その結果、高速スイッチング特性達成に大きな効果が表れることになった。またパワー基板と厚銅板を平行に配置することから、電流経路間の磁界の相互作用でさらにインダクタンスの低減が可能となり、従来に比べ約 80 ％もの低減が図れている。それに加え、熱伝導率の高い、たとえば窒化珪素（Si_3N_4）、を DCB 基板として適用し、この DCB 基板の両面を厚い銅ブロックとすることで、チップで発熱した熱を素早く横方向に拡散させることが可能となる。これは実質的には放熱面積が増えることになり、これにより熱抵抗の低減が実現できるのである。

　シリコン IGBT モジュールの信頼性の指標となるパワーサイクル試験について、その寿命はボンディングの接点と、チップ—DCB 基板のはんだ層が熱サイクルによる熱応力で破壊することに制約されることが知られている。そこで、この SiC-MOSFET 用パッケージでは、従来のパワーワイヤーボンディングから銅ピン構造に換えることで、ボンディング接点の弱点を解消している。また従来のゲル封止に替えて、エポキシ樹脂封止を行うことで、銅ピン—チップ— DCB 基板全体を強く拘束することができる。これにより、はんだ層に加わる熱応力を緩和することができ、パワーサイクル寿命を $\Delta T_j = 150℃$ で約 10 倍向上することができる。さらに SiC デバイスに直接接触するエポキシ樹脂のガラス転移温度を 200℃以上とすることでより一層の高信頼性を実現している。このように、SiC-MOSFET の特徴である高速スイッチング特性と高温動作可能というポテンシャルを十分に引き出すべくモジュール実装技術の進歩は目覚ましいものがある。例えばハイブリッドカー PCU（power control unit）搭載用として、より半導体素子の冷却効率を向上させた両面冷却方式を採用し、かつ並列接続させた半導体デバイスの動作を均一化させた配線技術を適用したモジュールの開発も報告されており [52]、SiC-

- 206 -

MOSFET モジュール実装技術は今後ますます進展するものと思われる。

参考文献

[1] B. J. Baliga, "Power semiconductor device figure of merit for high-frequency applications," IEEE Electron Device Letters, vol.10, no.10, 1989, pp.455-458.

[2] 山本秀和、"第3章　次世代パワー半導体の課題"、次世代パワー半導体の高性能化とその産業展開、監修：岩室憲幸、シーエムシー出版、2015年．

[3] 西野曜子 他、「高速 SiC レーザスライシングの加工品質評価」第77回応用物理学会秋季学術講演会 15a-C302-10, 2016.

[4] B. J. Baliga, "Fundamentals of Power Semiconductor Devices," Springer, New York, 2008.

[5] B. J. Baliga, "Wide bandgap Semiconductor Power Devices," Elsevier, Duxford, 2018.

[6] T. Hatakeyama, and T. Shinohe, "Reverse characteristics of a 4H-SiC Schottky barrier diode," Materials Science Forum, vol.389-393, 2002, pp.1169-1172.

[7] B. J. Baliga, "The pinch rectifier: A low-forward-drop high-speed power diode," IEEE Electron Device Letters, vol.5, no.6, 1984, pp.194-196.

[8] T. Kimoto, "Material science and device physics in SiC technology for high-voltage power devices," Japanese Journal of Applied Physics, vol.54, no.4, 2015, pp.040103 1-27.

[9] F. Dahlquist, H. Lendenmann, and M. Östling, "A high performance JBS rectifier - Design consideration-," Material Science Forum, vol.353-356, 2001, pp.683-686.

[10] X. Jordá, D. Tournier, J. Rebolla, J. Millán, and P. Godignon, "Temperature impact on high-current 1.2kV SiC Schottky rectifiers," Materials Science Forum, vol.483-485, 2005, pp.929-932.

[11] H. Linchao, S. Huajun, L. Kean. W. Yiyu, T. Yidan, B. Yun, X. Hengyu, W. Yudong, and L. Xinyu, "Improved adhesion and interface ohmic contact on

n-type 4H-SiC substrate by using Ni/Ti/Ni," Journal of Semiconductors, vol.35, no.7, 2014, pp.072003 1-4.

[12] T. Nakamura, Y. Nakano, M. Aketa, R. Nakamura, S. Mitani, H. Sakairi, and Y. Yokotsuji, "High performance SiC trench devices with ultra-low Ron," in IEEE IEDM Tech. Dig., Dec. 2011, pp.599-601.

[13] B. J. Baliga, "Silicon Carbide Power Device", World Scientific, 2005.

[14] V. Veliadis, M. McCoy, T. McNutt, H. Hearne, L-S. Chen, G. deSalvo, C. Clarke, B. Geil, D. Katsis, and S. Scozzie, "Fabrication of a robust high-performance floating guard ring edge termination for power Silicon Carbide Vertical Junction Field Effect Transistors," CS MANTECH 2007, Conference, pp.217-220.

[15] C-F Huang, H-C Hsu, K-W Chu, L-H Lee, M-J Tsai, K-Y Lee, and F Zhao, "Counter-doped JTE, an edge termination for HV SiC devices with increased tolerance to the surface charge," IEEE Trans. Electron Devices, vol.62, no.2, 2015, pp.354-358.

[16] B.J. Baliga, "Analysis of a High-Voltage Merged P-i-N Schottky (MPS) Rectifier," IEEE Electron Device Letters, vol. 8, no.9, 1987, pp.407-409.

[17] R. Rupp, M. Treu, S. Voss, F. Björk, and T. Reimann, "2nd generation SiC Schottky diode: a new benchmark in SiC device ruggedness," in Proc. Int. Symp. Power Semiconductors and ICs, June 2006, pp.269-272.

[18] T. Tsuji, A. Kinoshita, N. Iwamuro, K. Fukuda, K. Tezuka, T. Tsuyuki, and H. Kimura, " Experimental demonstration of 1200V SiC-SBDs with low forward voltage drop at high temperature," Material Science Forum, vol.717-720, 2012, pp.917-920.

[19] R.Rupp, R.Gerlach, A.Kabakow, R.Schorner, Ch. Hecht, R.Elpelt, and M.Draghici, "Avalanche Behavior and its temperature dependence of commercial SiC MPS diode: influence of design and voltage class," in Proc. Int. Symp. Power Semiconductors and ICs, June 2014, pp. 67-70.

[20] S. Harada, Y. Hoshi, Y. Harada, T. Tsuji, A. Kinoshita, M. Okamoto, Y. Makifuchi, Y. Kawada, K. Imamura, M. Gotoh, T. Tawara, S. Nakamata, T.

Sakai, F. Imai, N. Ohse, M. Ryo, A. Tanaka, K. Tezuka, T, Tsuyuki, S. Shimizu, N. Iwamuro, Y. Sakai, H. Kimura, K. Fukuda, and H. Okumura, " High performance SiC IEMOSFET/SBD module," Material Science Forum, vol.717-720, 2012, pp.1053-1058.

[21] J.P. Bergman, H. Lendenmann, P.A. Nilsson, U. Lindefelt, and P. Skytt, " Crystal defects as source of anomalous forward voltage increase of 4H-SiC diodes," Material Science Forum, vol.353-356, 2001, pp.299-302.

[22] T. Kimoto and J. A. Cooper, Fundamentals of silicon carbide technology: growth, characterization, devices, and applications. Singapore: Wiley, Nov. 2014.

[23] T. Kimoto, A. Iijima, H. Tsuchida, T. Tawara, A. Otsuki, T. Kato, and Y. Yonezawa, "Understanding and reduction of degradation phenomena in SiC power devices," IEEE Reliability Physics Symposium, April 2017, pp.2A-1.1-1.7.

[24] T.Tawara, T.Miyazawa, M.Ryo, M.Miyazato, T.Fujimoto, K.Takenaka, S.Matsunaga, M.Miyajima, A.Otsuki, Y.Yonezawa, T.Kato, H.Okumura, T.Kimoto and ,H.Tsuchida," Suppression of the Forward Degradation in 4H-SiC PiN Diodes by Employing a Recombination-Enhanced Buffer Layer," Materials Science Forum, vol.897, pp.419-422.

[25] J.W. Palmour, J. A. Edmond, H. S. Kong, and C. H. Carter, Jr., "Vertical power devices in silicon carbide," in Proc. Silicon Carbide and Related Materials, 1994, pp. 499.

[26] J.N.Shenoy, J.A.Cooper, and M.R.Melloch, "High voltage double-implanted power MOSFETs in 6H-SiC," IEEE Electron Device letters, vol.18, no.3, 1997, pp.93-95,

[27] T.Fujiwara, Y.Tanigaki, Y.Furukawa, K.Tonari, A.Otsuki, T.Imai, N.Oose, M.Utsumi, M.Ryo, M.Gotoh, S.Nakamata, T.Sakai, Y.Sakai, M.Miyajima, H.Kimura, K.Fukuda, and H.Okumura, "Low cost ion implantation process with high heat resistant photoresist in silicon carbide device fabrication ," Material Science Forum, vol.778-780, 2014, pp.677-680.

✳第5章 SiCパワーデバイス

[28] A. Saha and J.A. Cooper, "1-kV 4H-SiC power DMOSFET optimized for low on-resistance," IEEE Trans. Electron Devices, vol.54, no.10, 2007, pp.2786-2791.

[29] J. W. Palmour, L. Cheng, V. Pala, E. V. Brunt, D. J. Lichtenwalner, G-Y Wang, J. Richmond, M. O'Loughlin, S. Ryu, S. T. Allen, A. A. Burk, and C. Scozzie, "Silicon Carbide Power MOSFETs: Breakthrough Performance from 900 V up to 15 kV," in Proc. Int. Symp. Power Semiconductors and ICs, June 2014, pp.79-82.

[30] S. Harada, M. Kato, K. Suzuki, M. Okamoto, T. Yatsuo, K. Fukuda, and K. Arai, "1.8mΩ cm^2, 10A Power MOSFET in 4H-SiC," in IEEE IEDM Tech. Dig., Dec. 2006, pp.1-4.

[31] R.Tanaka, Y. Kagawa, N. Fujiwara, K. Sugawara, Y. Fukui, N. Miura, M. Imaizumi, and S. Yamakawa, "Impact of grounding the bottom oxide protection layer on the short-circuit ruggedness of 4H-SiC trench MOSFETs," in Proc. Int. Symp. Power Semiconductors and ICs, June 2014, pp. 75–78.

[32] H. Yano, T. Hirao, T. Kimoto, H. Matsunami, K. Asano, and Y. Sugawara, "High channel mobility in inversion layers of 4H-SiC MOSFETs by utilizing (11$\bar{2}$0) face," IEEE Electron Device Lett., vol. 20, no. 12, 1999, pp. 611-613.

[33] J. Senzaki, K. Kojima, S. Harada, R. Kosugi, S. Suzuki, T. Suzuki, and K. Fukuda, "Excellent effects of hydrogen postoxidation annealing on inversion channel mobility of 4H-SiC MOSFET fabricated on (11$\bar{2}$0) face," IEEE Electron Device Lett., vol. 23, no. 1, 2002, pp. 13-15.

[34] Y. Nanen, M. Kato, J. Suda, and T. Kimoto, "Effects of nitridation on 4H-SiC MOSFETs fabricated on various crystal faces," IEEE Trans. Electron Devices, vol. 60, no. 3, 2013, pp. 1260-1262.

[35] J. An, M. Namai, H. Yano, N. Iwamuro, Y. Kobayashi, and S. Harada, "Methodology for enhanced short-circuit capability of SiC MOSFETs," in Proceedings of the International Symposium on Power Semiconductor Devices and ICs, 2018, pp. 391-394.

[36] M. Namai, J. An, H. Yano, and N. Iwamuro, "Investigation of short-circuit failure mechanisms of SiC MOSFETs by varying DC bus voltage," Japanese Journal of Applied Physics, Vol.57, 2018, 0741021.1-10.

[37] X. Jiang, J. Wang, J. Lu, J, Chen, X. Yang, Z. Li, C. Tu, and Z.S. Shen, "Failure mode and mechanism analysis of SiC MOSFET under short-circuit condition," Microelectronics Reliability, vol.89- 90, pp.593-597, (2018).

[38] M. Otsuki, Y. Onozawa, H. Kanemaru, Y. Seki, and T. Matsumoto, "A study on the short-circuit capability of field-stop IGBTs," IEEE Trans. Electron Devices, Vol. 50, No.6, Jun, 2003, pp. 1525-1531.

[39] R. Kosugi, Y. Sakuma, K. Kojima, S. Itoh, A. Nagata, T. Yatsuo, Y. Tanaka, and H. Okumura, "First experimental demonstration of SiC super-junction （SJ） structure by multi-epitaxial growth method, " in Proc. Int. Symp. Power Semiconductors and ICs, Jun. 2014, pp.346-349.

[40] T. Masuda, R. Kosugi, and T. Hiyoshi, "0.97 mΩ cm^2 / 820 V 4H-SiC super junction V-groove trench MOSFET," Mater. Sci. Forum, vol.897, pp.483-488, 2017.

[41] T. Masuda, Y. Saito, T. Kumazawa, T. Hatayama, and S. Harada, "0.63 mΩ cm^2 / 1170 V 4H-SiC super junction V-groove trench MOSFET," in IEEE IEDM Tech. Dig., Dec. 2018, pp.177-180.

[42] R. Kosugi, S. Ji, K. Mochizuki, K. Adachi, S. Segawa, Y. Kawada, Y. Yonezawa, and H. Okumura, "Breaking the Theoretical Limit of 6.5 kV-Class 4H-SiC Super-Junction (SJ) MOSFETs by Trench-Filling Epitaxial Growth," in Proc. Int. Symp. Power Semiconductors and ICs, May 2019, pp.39-42.

[43] A. Ichimura, Y. Ebihara, S. Mitani, M. Noborio, Y. Takeuchi, S. Mizuno, T. Yamamoto, and K. Tsuruta, "4H-SiC Trench MOSFET with Ultra-Low On-Resistance by using Miniaturization Technology" , Material Science Forum, vol.924, pp.707–710, 2018.

[44] Y. Ebihara, A. Ichimura, A. Mitani, M. Noborio, Y. Takeuchi, S. Mizuno, T.Yamamoto, and K. Tsuruta, "Deep-P Encapsulated 4H-SiC Trench MOSFETs With Ultra Low RonQgd" , in Proc. Int. Symp. Power

Semiconductors and ICs, May 2018, pp. 44–48.

[45] W. Sung and B. J. Baliga, "Monothithically Integrated 4H-SiC MOSFET and JBS Diode (JBSFET) Using a Single Ohmic/Schottky Process Scheme, " IEEE Electron Devices Lett. vol. 37, no. 12, 2016, pp. 1605-1608.

[46] S. Hino, H. Hatta, K. Sadadamatsu, Y. Nagahisa, S. Yamamoto, T. Iwamatsu, Y. Yamamoto, M. Imaizumi, S. Nakata, and S. Yamakawa, "Demonstration of SiC-MOSFET Embedding Schottky Barrier Diode for Inactivation of Parasitic Body Diode" , Mater. Sci. Forum, vol.897, pp.477–482, 2017.

[47] F. J. Hsu, C. T. Yen, C. C. Hung, H. T. Hung, C. Y. Lee, L. S. Lee, Y. F. Huang, T. Z. Chen, P. J. Chuang, "High efficiency high reliability SiC MOSFET with monolithically integrated Schottky rectifier" , in Proc. Int. Symp. Power Semiconductors and ICs, May 2017, pp. 45–48.

[48] Y. Kobayashi, N. Ohse, T.Morimoto. M.Kato, T. Kojima, M. Miyazato, M. Takei, H. Kimura, and S. Harada, "Body pin diode inactivation with low on-resistance achieved by 1.2kV-class 4H-SiC SWITCH-MOS, in IEEE IEDM Tech. Dig., Dec. 2017, pp.211-214.

[49] R. Aiba, M. Okawa, T. Kanamori, Y. Kobayashi, S. Harada, H. Yano, and N. Iwamuro, "Experimental demonstration on superior switching characteristics of 1.2 kV SiC SWITCH-MOS," in Proc. Int. Symp. Power Semiconductors and ICs, May 2019, pp.23-26.

[50] M. Okawa, R. Aiba, T. Kanamori, Y. Kobayashi, S. Harada, H. Yano, and N. Iwamuro, "First demonstration of short-circuit capability for a 1.2 kV SiC SWITCH-MOS," IEEE Journal of the Electron Devices Society, vol. 7, pp.613-620, 2019.

[51] 仲村秀世、西澤龍男、梨子田典弘、「All-SiC モジュールのパッケージ技術」、富士電機技報、Vol.88, No.4 2015, pp.241-244.

[52] 株式会社日立製作所ホームページ http://www.hitachi.co.jp/rd/news/2015/0928.html

索引

アルファベット

All SiC-MOSFET モジュール ･･････････205
Baliga Figure of Merit (BFOM) ･･････････57
Charge-coupled concept ･･････････････68
COMFET ･･････････････････････90
CSTBT ･････････････････････117, 122
DCB (Double Cupper Bond) ･･････ 12, 126, 205
DMOSFET ･･････････････････34, 53
Free Wheeling Diode (FWD) ･･･････ 32, 102
GTO サイリスタ ･･････････････15, 17-19
HiGT ･･････････････････････117, 119
IEGT ･･････････････････････117-118
IE-MOSFET (Implantation and Epitaxia l MOSFET)
･･････････････････････････193
IGBT ･･････････････････････17, 21
IGR ･･････････････････････90, 116
Injection Enhancement 効果 (IE 効果) ･･･････116
IPD ･･････････････････････････25
IPM (Intelligent Power Module) ･･････････127
JBS ダイオード ･･････････147, 168, 174, 176, 178
JFET 抵抗 ･････････････････････54, 62
JFET 領域 ･････････････････････53-54
Junction Termination Extension (JTE) 構造 ･･ 79, 175
Light Punch Through (LPT) IGBT ･･････････122
Millar 容量 Crss ･･････････････････202
MOSFET ･･････････････････････17
MPS ダイオード ･･････････････155, 177
pin ダイオード ･････････････････150
SBD 内蔵素子 ･･･････････････････202
SiC ･･･････････････････････161
SiC MOSFET ･･････････････････183
SiC superjunction MOSFET ･･････････201
SSD ダイオード ･･････････････････155
UMOSFET ･････････････････････62
xEV ･････････････････････23, 25

あ

アバランシェ降伏 ･･････････････････46
アバランシェ耐量 ･･････････････････177
アバランシェ破壊 ･･････････････････112

え

エネルギー破壊 ･･････････････････112

お

オン抵抗 ･･･････････････････47, 53
オン電圧 ･･････････････････････94

か

ガードリング構造 ･･･････････････79, 174
拡散電位差 ･･･････････････････168
拡散電流 ･･････････････････････121
カスケード接続 ･･････････････････90

き

帰還容量 (Crss) ･････････････59, 65, 105
寄生サイリスタのラッチアップ ･･･････････91, 109
基底面転位 (Basal Plane Dislocation :BPD) ･･･179
逆回復特性 ･･･････････････････144
逆阻止 IGBT (RB-IGBT) ･･･････････130
逆導通 IGBT (RC-IGBT) ･･･････････130
逆バイアス安全動作領域 (RBSOA) ･･･････････109

く

空乏層 ･･････････ 38-42, 47-48, 50-53, 66-67, 75-81

け

ゲートしきい値 ･････････････････94, 105

こ

高速スイッチング特性 ･･･････････････8, 20
高輸送効率 ･･･････････････････120
コンダクタンス gm ････････････････61

さ

最大電界強度 ･････････････････48, 51, 68
酸化膜破壊 ･･････････････183, 190, 194

し

しきい値電圧 ･･･････････34, 43-44, 47, 59-60
自己整合プロセス ･････････････34, 55, 88, 189
周辺耐圧構造 ･･･････････････････75, 174
出力容量 (Coss) ･････････････････59
順方向電圧劣化 (Vf 劣化) ･･･････････179
昇華法 ･･･････････････････････162
ショットキー障壁高さの低下
(Schottky barrier lowering) ･･･････････165

- 214 -

ショットキーバリアダイオード（SBD）······ 75, 147
シリコン面（(0001)面）················ 168, 192

す
スイッチング特性 ·····················99
スーパージャンクション MOSFET（SJ-MOSFET）··66
ストライプセル ·····················114

せ
積層欠陥（Stacking Fault :SSF）··········179
接合温度························127
セラミックス絶縁基板 ················126

そ
素子耐圧················15, 46, 93, 144
ソフトリカバリー···············146, 154

た
ターンオフ損失················13, 32
ターンオフ特性······················105
ターンオフ破壊······················112
ターンオン損失···················13, 61
ターンオン特性······················102
耐圧特性·······················47, 96
炭化ケイ素·························161

ち
チャージバランス ·····················71
チャネル抵抗 ···············56, 63-64

て
低オン抵抗特性 ············· 8, 14, 20
低注入効率···················112, 120
デバイスシミュレーション ···········55
電圧型インバータ ··················6
伝導度変調············103-104, 107, 151-153
電流型インバータ ··················6
電流飽和特性···········19-20, 90, 95, 111

と
導通損失·····························13
ドリフト層抵抗···················64, 168
ドリフト電流···················110, 121
トレンチ IGBT·····················116-118
トレンチ埋め込み法···············31, 70
トレンチゲート構造···········183-185, 201-202

トレンチ JBS ダイオード ··············173
トレンチフィールドプレート MOSFET ······ 64-65
トレンチ MOSFET ··········· 62-65, 183, 194-195

な
内蔵ダイオード ·····················73-75

に
入力容量（Ciss）····················59-60

ね
熱電子電界放出 ··················165-166
熱暴走破壊·························113

の
ノーマリーオフ特性 ···············43-45
ノーマリーオン特性·················43-45
ノンパンチスルー ··········· 97, 118, 171
ノンパンチスルー構造
（punch-through（NPT）構造）··········97
ノンラッチアップ構造···············91, 116

は
ハードリカバリー ···············146, 154
ハイブリッドモジュール ·············178
バイポーラ型······················150
バイポーラトランジスタ······· 15, 17-18, 87, 90, 116
破壊耐量（安全動作領域）··········109
薄ウェハ技術······················122
パワーエレクトロニクス ···········3-6
パワーデバイス ··········· 9, 15, 21, 23, 25
パワーデバイス国際会議　ISPSD ·········21
パワー MOSFET··········· 33-34, 53, 59, 62, 64
パンチスルー······················171
パンチスルー構造（punch-through（PT）構造）··97

ふ
フィールドストップ IGBT（FS-IGBT）········ 21, 31
フィールドプレート構造 ·········· 65, 79, 175
負荷短絡耐量·········· 111, 118, 199, 203
フリーホイーリングダイオード ·········· 7, 32, 202
プレーナゲート構造 ·········· 53-54, 184-185
プレーナ MOSFET·················53, 63

ま
マルチエピタキシャル法 ················68

－ 215 －

❋索引

ゆ
ユニポーラ型 ・・・・・・・・・・・・・・・・・・・・・・・ 20, 147

ら
ライフタイムコントロール ・・・・・・・・・・・ 100, 118
ラッチアップ破壊 ・・・・・・・・・・・・・・・・・・・112-113

り
リーチスルー ・・・・・・・・・・・・・・・・・・・・・ 50, 97, 191

その他
(11$\bar{2}$0) 面 (a 面) ・・・・・・・・・・・・・・・・・・・・・・ 194
(1$\bar{1}$00) 面 (m 面) ・・・・・・・・・・・・・・・・・・・・・ 194
(0$\bar{3}$3$\bar{8}$) 面 ・・・・・・・・・・・・・・・・・・・・・・・・・ 201

■ 著者紹介 ■

岩室 憲幸（いわむろ　のりゆき）
国立大学法人筑波大学　数理物質系　物理工学域　教授

■経歴：
1962 年　東京都板橋区生まれ
1984 年　早稲田大学理工学部電気工学科卒。富士電機株式会社入社
1988 年からシリコン IGBT、ダイオードならびに SiC デバイスの研究開発、製品化に従事。
1992-93 年　米国 North Carolina State University, Power Semiconductor Research Center 客員研究員
1998 年：博士（工学）（早稲田大学）
2009 年－2013 年　（国）産業技術総合研究所　先進パワーエレクトロニクス研究センター
SiC パワーデバイス量産化技術開発に従事。
2013 年 4 月－国立大学法人筑波大学　数理物質系　物理工学域　教授、現在に至る。

■専門：
シリコンならびに SiC パワーデバイスの設計ならびに解析

■所属学会：
電気学会上級会員、応用物理学会会員、IEEE Senior Member
IEEE EDS Power Devices Technical Committee

●ISBN 978-4-904774-51-9　一般社団法人　電気学会　編集
スマートグリッドとEMC調査専門委員会

設計技術シリーズ
スマートグリッドとEMC
― 電力システムの電磁環境設計技術 ―

本体 5,500 円＋税

1．スマートグリッドの構成とEMC問題
2．諸外国におけるスマートグリッドの概況
　2.1　米国におけるスマートグリッドへの取り組み状況
　2.2　欧州におけるスマートグリッドへの取り組み状況
　2.3　韓国におけるスマートグリッドへの取り組み状況
3．国内における
　　スマートグリッドへの取り組み状況
　3.1　国内版スマートグリッドの概況
　3.2　経済産業省によるスマートグリッド／コミュニティへの取り組み
　3.3　スマートグリッド関連国際標準化に対する経済産業省の取り組み
　3.4　総務省によるスマートグリッド関連装置の標準化への対応
　3.5　スマートグリッドに対する電気学会の取り組み
　3.6　スマートコミュニティに関する経済産業省の実証実験
　3.7　スマートコミュニティ事業化のマスタープラン
　3.8　NEDOにおけるスマートグリッド／コミュニティへの取り組み
　3.9　経済産業省とNEDO以外で実施された
　　　スマートグリッド関連の研究・実証実験
4．IEC（国際電気標準会議）における
　　スマートグリッドの国際標準化動向
　4.1　SG3（スマートグリッド戦略グループ）から
　　　SyC Smart Energy（スマートエネルギーシステム委員会）へ
　4.2　SG6（電気自動車戦略グループ）
　4.3　ACEC（電磁両立性諸問題委員会）
　4.4　TC 77（EMC規格）
　4.5　CISPR（国際無線障害特別委員会）
　4.6　TC 8（電力供給に係わるシステムアスペクト）
　4.7　TC 13（電力量計測、料金・負荷制御）
　4.8　TC 57（電力システム管理および関連情報交換）
　4.9　TC 64（電気設備および感電保護）
　4.10　TC 65（工業プロセス計測制御）
　4.11　TC 69（電気自動車および電動産業車両）
　4.12　TC 88（風力タービン）
　4.13　TC 100（オーディオ、ビデオおよびマルチメディアのシステム／機器）
　4.14　PC 118（スマートグリッドユーザインターフェース）
　4.15　TC 120（Electrical Energy Storage Systems：電気エネルギー貯蔵システム）
　4.16　ISO/IEC JTC 1（情報技術）

5．IEC以外の国際標準化組織における
　　スマートグリッドの動向
　5.1　ISO/TC 205（建築環境設計）における
　　　スマートグリッド関連の取り組み状況
　5.2　ITU-T（国際電気通信連合の電気通信標準化部門）
　5.3　IEEE（電気・電子分野での世界最大の学会）における
　　　スマートグリッドの動向
6．スマートメータとEMC
　6.1　スマートメータとSNS連携による再生可能エネルギー
　　　利活用促進基盤に関する研究開発（愛媛大学）
　6.2　スマートメータに係る通信システム
　6.3　暗号モジュールを搭載したスマートメータからの
　　　情報漏えいの可能性の検討
7．スマートホームとEMC
　7.1　スマートホームの構成と課題
　7.2　スマートホームに係る通信システム
　7.3　電力線重畳型認証技術（ソニー）
　7.4　スマートホームにおける太陽光発電システム
　　　（日本電機工業会）
　7.5　スマートホームにおける電気自動車充電システム
　7.6　スマートホーム・グリッド用蓄電池・蓄電システム
　　　（NEC：日本電気）
　7.7　スマートホーム関連設備の認証
　　　（JET：電気安全環境研究所）
　7.8　スマートホームにおけるEMC
　7.9　スマートグリッドに関連した
　　　電磁界の生体影響に関わる検討事項
8．スマートグリッド・スマートコミュニティ
　　とEMC
　8.1　スマートグリッドに向けた課題と対策
　　　（電力中央研究所）
　8.2　スマートグリッド・スマートコミュニティに係る
　　　通信システムのEMC
　8.3　スマートグリッド関連機器のEMCに関する取組み
　　　（NICT：情報通信研究機構）
　8.4　パワーエレクトロニクスへのワイドバンド
　　　ギャップ半導体の適用とEMC（大阪大学）
　8.5　メガワット級大規模蓄電システム（住友電気工業）
　8.6　再生可能エネルギーの発電量予測と
　　　IBMの技術・ソリューション
付録　スマートグリッド・コミュニティに対する
　　　各組織の取り組み
　A　愛媛大学におけるスマートグリッドの取り組み
　B　日本電機工業会における
　　　スマートグリッドへの取り組み
　C　スマートグリッド・コミュニティに対する東芝の取り組み
　D　スマートグリッドに対する三菱電機の取り組み
　E　スマートシティ／スマートグリッドに対する
　　　日立製作所の取り組み
　F　トヨタ自動車のスマートグリッドへの取り組み
　G　デンソーのマイクログリッドに対する取り組み
　H　スマートグリッド・コミュニティに対するIBMの取り組み
　I　ソニーのスマートグリッドへの取り組み
　J　低炭素社会実現に向けたNECの取組み
　K　日本無線（JRC）における
　　　スマートコミュニティ事業に対する取り組み
　L　高速電力線通信推進協議会における
　　　スマートグリッドへの取り組み

発行／科学情報出版（株）

● ISBN 978-4-904774-61-8　　　静岡大学　浅井　秀樹　監修

設計技術シリーズ
新／回路レベルのEMC設計
― ノ イ ズ 対 策 を 実 践 ―

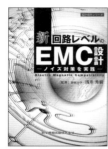

本体 4,600 円＋税

第1章　伝送系、システム系、CADから見た回路レベルEMC設計
1．概説／2．伝送系から見た回路レベルEMC設計／3．システム系から見た回路レベルEMC設計／4．CADからみた回路レベルのEMC設計

第2章　分布定数回路の基礎
1．進行波／2．反射係数／3．1対1伝送における反射／4．クロストーク／5．おわりに

第3章　回路基板設計での信号波形解析と製造後の測定検証
1．はじめに／2．信号速度と基本周数数／3．波形解析におけるパッケージモデル／4．波形測定／5．解析波形と測定波形の一致の条件／6．まとめ

第4章　幾何学的に非対称な等長配線差動伝送線路の不平衡と電磁放射解析
1．はじめに／2．検討モデル／3．伝送特性とモード変換の周波数特性の評価／4．放射特性の評価と等価回路モデルによる支配的要因の識別／5．おわりに

第5章　チップ・パッケージ・ボードの統合設計による電源変動抑制
1．はじめに／2．統合電源インピーダンスと臨界制動条件／3．評価チップの概要／4．パッケージ、ボードの構成／5．チップ・パッケージ・ボードの統合解析／6．電源ノイズの測定と解析結果／7．電源インピーダンスの測定と解析結果／8．まとめ

第6章　EMIシミュレーションとノイズ波源としてのLSIモデルの検証
1．はじめに／2．EMIシミュレーションの活用／3．EMIシミュレーション精度検証／4．考察／5．まとめ

第7章　電磁界シミュレータを使用したEMC現象の可視化
1．はじめに／2．EMC対策でシミュレータが活用されている背景／3．電磁界シミュレータが使用するマクスウェルの方程式／4．部品の等価回路／5．Zパラメータ／6．Zパラメータと電磁界／7．電磁界シミュレータの効果／8．まとめ

第8章　ツールを用いた設計現場でのEMC・PI・SI設計
1．はじめに／2．パワーインテグリティとEMI設計／3．SIとEMI設計／4．まとめ

第9章　3次元構造を加味したパワーインテグリティ評価
1．はじめに／2．PI設計指標／3．システムの3次元構造における寄生容量／4．3次元PI解析モデル／5．解析結果および考察／6．まとめ

第10章　システム機器におけるEMI対策設計のポイント
1．シミュレーション基本モデル／2．筐体へケーブル・基板を挿入したモデル／3．筐体内部の構造の違い／4．筐体の開口部について／5．EMI対策設計のポイント

第11章　設計上流での解析を活用したEMC/SI/PI協調設計の取り組み
1．はじめに／2．電気シミュレーション環境の構築／3．EMC-DRCシステム／4．大規模電磁界シミュレーションシステム／5．シグナルインテグリティ(SI)解析システム／6．パワーインテグリティ(PI)解析システム／7．EMC/SI/PI協調設計の実践事例／8．まとめ

第12章　エミッション・フリーの電気自動車をめざして
1．はじめに／2．プロジェクトのミッション／3．新たなパワー部品への課題／4．電気自動車の部品／5．EMCシミュレーション技術／6．EMR試験および測定実験／7．プロジェクト実行計画／8．標準化への取り組み／9．主なプロジェクト成果／10．結論および今後の展望

第13章　半導体モジュールの電源供給系(PDN)特性チューニング
1．はじめに／2．半導体モジュールにおける電源供給系／3．PDN特性チューニング／4．プロトタイプによる評価／5．まとめ

第14章　電力変換装置のEMI対策技術ソフトスイッチングの基礎
1．はじめに／2．ソフトスイッチングの歴史／3．部分共振型方式／4．ソフトスイッチングの得意分野と不得意分野／5．むすび

第15章　ワイドバンドギャップ半導体パワーデバイスを用いたパワーエレクトロニクスにおけるEMC
1．はじめに／2．セルフターンオン現象と発生メカニズム／3．ドレイン電圧印加に対するゲート電圧変化の検討／4．おわりに

第16章　IEC 61000-4-2間接放電イミュニティ試験と多重放電
1．はじめに／2．測定／3．考察／4．むすび

第17章　モード変換の表現可能な等価回路モデルを用いたノイズ解析
1．はじめに／2．不連続部における多線条線路のモード等価回路／3．モード等価回路を用いた実測結果の評価／4．その他の場合の検討／5．まとめ

第18章　自動車システムにおける電磁界インターフェース設計技術
1．はじめに／2．アンテナ技術／3．ワイヤレス電力伝送技術／4．人体通信技術／5．まとめ

第19章　車車間・路車間通信
1．はじめに／2．ITSと関連する無線通信技術の略史／3．700MHz帯高度道路交通システム(ARIB STD-T109)／4．未来のITSとそれを支える無線通信技術／まとめ

第20章　私のEMC対処法学問的アプローチの弱点を突く、その対極にある解決方法
1．はじめに／2．設計できるかどうか／3．なぜ「EMI/EMS対策設計」が困難なのか／4．「EMI/EMS対策設計」ができないとすると、どうするか／5．EMI/EMSのトラブル対策(効率アップの方法)／6．対策における注意事項／7．EMC技術・技能の学習方法／8．おわりに

発行／科学情報出版（株）

設計技術シリーズ

車載機器におけるパワー半導体の設計と実装

2019年9月20日　初版発行

著　者	岩室　憲幸	©2019

発行者	松塚　晃医
発行所	科学情報出版株式会社
	〒300-2622　茨城県つくば市要443-14 研究学園
	電話　029-877-0022
	http://www.it-book.co.jp/

ISBN 978-4-904774-78-6　C2054
※転写・転載・電子化は厳禁